高新科技译丛

模式分类的集成方法

Pattern Classification Using Ensemble Methods

[以色列] Lior Rokach 著

黄文龙 王晓丹 王 毅 肖 宇 译

国防工業出版社

·北京·

著作权合同登记　图字：军-2014-040 号

图书在版编目（CIP）数据

模式分类的集成方法/（以）罗卡赫（Rokach, L.）著；黄文龙等译. —北京：国防工业出版社，2015.11

（高新科技译丛）

书名原文：Pattern Classification Using Ensemble Methods

ISBN 978-7-118-10397-7

Ⅰ. ①模… Ⅱ. ①罗… ②黄… Ⅲ. ①模式分类—方法研究 Ⅳ. ①O235

中国版本图书馆 CIP 数据核字（2015）第 260837 号

Translation from the English language edition:
Pattern Classification Using Ensemble Methods
by Lior Rokach

※

国防工業出版社出版发行

（北京市海淀区紫竹院南路 23 号　邮政编码 100048）

北京京华虎彩印刷有限公司印刷

新华书店经售

*

开本 710×1000　1/16　印张 11½　字数 213 千字

2015 年 11 月第 1 版第 1 次印刷　印数 1—2000 册　定价 69.90 元

（本书如有印装错误，我社负责调换）

国防书店：（010）88540777　发行邮购：（010）88540776

发行传真：（010）88540755　发行业务：（010）88540717

译者前言

机器学习这门学科所关注的问题是计算机程序如何随着经验积累自动提高性能。集成分类思想的提出是伴随着模式识别处理问题日益复杂而产生的。在模式识别系统中，最终的目标是得到尽可能好的识别性能。为了实现这一目标，传统的做法是对目标问题分别采用不同的分类方法处理，然后选择一个最好的分类器为最终的解决方案。但随着目标复杂度的增加以及新算法的开发，人们发现尽管分类器性能有所差异，但被不同分类器错分的样本并不完全重合。即对于某个分类器错分的样本，运用其他分类器有可能得到正确的类别标签，即不同分类器对于分类的模式有着互补信息。如果只选择性能最优的分类器作为最终的解决方案，那么其他分类器中一些有价值的信息就会被丢弃。于是人们开始研究不同分类器的分类互补信息是否能被充分利用，集成分类思想就是在这种条件下提出来的。传统的基于统计学习的分析手段在集成学习的理论分析上已经显出其局限性，需要考虑引进新的数学工具来研究集成学习的理论。同时，集成学习的应用性研究也受到越来越多的重视。

目前，集成学习已经被成功应用于遥感数据分类、雷达目标识别、手写体识别、人脸识别、时间序列预测、蛋白质序列辨识、语音识别、图像处理、文本分类、网络入侵检测、疾病诊断等许多实际问题。尽管如此，与生物认知系统相比，模式识别系统的识别能力和鲁棒性还远不能让人满意。模式识别还有许多的基础理论和基本方法等待人们解决，新问题也层出不穷。为此，相关人员很需要一本关于这一领域的高水平学术著作，既要包括基础知识的介绍，也要包括本领域研究现状以及未来发展的展望等。《模式分类的集成方法》正是这样一本经典著作，是智能信息处理领域难得一见的优秀著作。

Lior Rokach 教授是一位国际上公认的智能信息系统领域的专家，是该领域多个方向上的领军人物，在国际主流期刊和会议发表学术论文 100 余篇（如 Machine Learning, Machine Learning Research, Data Mining and Knowledge Discovery, IEEE Transactions on Knowledge, and Data Engineering and Pattern Recognition）。编辑和出版了十余部专著，都深受广大读者喜爱，非常畅销。这本《模式分类的集成方法》出版后也是广受好评，必将对该领域产生深远的影响。如牛津大学出版社的马克列文对该书的评价为：“这是一本非常及时的出版物，该书是一本全面和详细的参考书，该书对于希望拓宽他们在这一领域的知识或正在此领域或相关领域做项目的研究者或工程技术人员是非常有用的。它对于那些想将集成学习方法用于数据挖掘工作的科技人员也是非常有用的”。

该书主要讨论了集成学习的概念、构成、作用及其最新研究成果，重点介绍了最新的、高效且实用的集成学习算法，给出了分类识别的大量应用实例，总结了作者近年来在模式识别中的理论和应用研究成果。除了介绍许多重要经典的内容以外，书中还包括了最近十几年来刚刚发展起来的并被实践证明有用的新技术、新理论。并将这些新技术应用于模式识别当中，同时提供这些新技术的实现方法和 JAVA 程序源代码及相应的实验数据，对于读者的自学和算法验证非常有利。针对其中最具有代表性的几种算法，对其工作机制进行深入研究，并利用大量的数值试验对算法的性能进行多方面的考查。主要内容包括：模式分类概述；集成学习的基本理论；分类器组合；经典的集成方法；集成分类的各子模块方法；集成多样性；集成选择；集成算法的评价。这些探讨不仅对集成学习领域的研究具有非常重要的理论意义，而且也具有很强的实用参考价值。

该书可作为高等院校人工智能、模式识别、信息系统、统计分析和管理、电子科学与技术、计算机科学与技术、生物医学工程、控制科学与工程及其他领域的有关专业和研究方向的研究生、本科高年级学生作为关于信息分析、检测、识别的教材或教学参考书。也可作为从事模式识别等相关领域并具有一定理论基础的科研人员、工程技术人员学习、借鉴和参考。

本著作得到国家自然科学基金（61573375，61273275，61402517）、航空科学基金（No.20151996015）宇航动力学国家重点实验室开放基金项目（2012ADL-DW0202）、中国博士后基金（2013M542331，2015M572778）和陕西省自然科学基金（2013JQ8035）的资助支持，特此感谢！

译　者

2015 年 7 月

序　言

集成方法的本质是模仿人类在面对多个选项时作决策的智能行为。其核心原理是对多个个体模式分类器进行权衡处理，并将其整合到一起形成一个分类器，这个新的分类器的性能要好于任何一个单一的分类器。

来自不同学科领域的研究人员，如模式识别、统计分析和机器学习等，在过去的数十年里对集成方法进行了深入的研究。随着对这一方向的持续关注，每个特定领域的研究人员就产生了种类繁多、适合其具体应用环境的集成算法。《模式分类的集成方法》这本书的主旨是对各种集成方法提供一个条理分明、结构合理的介绍，即通过整合这一领域各种各样的思想，提出一个基本一致和统一的思想框架，来介绍有关集成的算法、理论、趋势、挑战和应用。

该书信息丰富、贴近实际，为科研人员、大学师生和应用领域的工程师提供了一个有关集成方法的综合、简明和便利的参考资料。这本书详细介绍了一些经典的集成算法，以及近年来出现的一些扩展方法和新方法。在介绍每种方法的同时，也解释了该方法适用的环境以及会产生怎样的结果和需付出的代价。这本书专注于集成方法领域的研究成果，涵盖了该领域最重要和最受关注的各子方向的研究对象。

该书共七章。第 1 章对模式识别的基本理论进行了概要介绍。第 2 章介绍了构建一个集成分类器的基本算法框架。第 3 章～第 6 章介绍了设计和应用集成方法涉及到的各类子问题。最后，第 7 章讨论了如何对一个集成算法进行评价。

除了对集成方法的理论进行介绍之外，丰富的应用实例纵贯全书，以对相应的理论进行解释说明和论证，包括人造数据和真实的数据。并且对广泛使用的经典实例进行了重点验证。书中用到的数据和算法的 JAVA 程序可以从相应网站获得，非常有利于读者对各种算法的理解和应用。

该书为模式识别、信息系统、计算机科学、统计分析和管理等领域的研究人员提供了一个相当有用的集成方法的参考资料。另外，这本书也对那些从事社会科学、心理学、医学、遗传学和其他需处理复杂数据的科研人员和工程技术人员具有很高的参考价值。

这本书的主要素材来源于以色列本古里昂大学本科和研究生课程的核心内容。此书可作为研究生和高年级本科生的模式识别、机器学习和数据挖掘等课程的参考教材。将集成方法用于实际的数据挖掘项目的读者也会对此书产生独特的兴趣。此书运用大量的数学语言来描述问题和解决方案，所以行文比较严谨枯燥。尽管如此，对于此书的读者来说只要具备基本的概率论和计算机科学（算法）方面的基础知识也就足够了。

由于集成方法的范围非常广泛，所以不可能在一本书中涵盖所有的技术和算法。感兴趣的读者可以参考一些其他的经典著作，如由 Ludmila Kuncheva (John Wiley & Sons, 2004)所著的《模式分类器：方法和算法》，以及其他一些期刊和会议集。《信息融合》和《信息融合前沿》等期刊都包含了大量的集成方法。此外，许多关于模式识别、机器学习和数据挖掘的期刊也收录关于集成技术的研究论文。另外，一些重要的国际会议，如“多分类器系统国际研讨会（MCS）”和“信息融合国际会议（FUSION）”也是获取相关参考资料的重要来源。

我的许多同事对此书的初稿不吝赐教，提出了宝贵的建议。在这中间，特别要指出的是学者 Alon 博士，他的建议详尽而深刻。作者要特别感谢 Oded Maimon 教授对于此书给出的建议。感谢 Horst Bunke 和 Patrick Shen-Pei Wang 教授，本书的内容吸纳了他们在机器感知和人工智能方面的系列论述。作者还要对世界科学出版的编辑 Steven Patt 先生以及其他工作人员表示感谢，我们在本书的出版过程中合作的非常愉快。

最后，但当然不是微不足道的，作者还要特别感谢我的家人和朋友们给予的耐心、时间、支持和鼓励。

Lior Rokach
以色列贝尔·谢瓦内盖夫本古里安大学
2009 年 9 月

目　录

第1章　模式分类概述

模式识别是一门理工类的学科，其目的旨在将模式（也称为示例、数组和样本）划分为不同的类别，即分类或类别标识。通常来说，分类一般基于统计模型，该模型可以由一组已知类别的模式推导出来。另外，也可以利用领域专家的知识进行分类。

一个模式通常由描述某个对象的测量值（特征值）组成。例如，假设我们要对鸢尾花（Iris）的属进行分类（如将其分为 Iris Setosa, Iris Versicolour 和 Iris Virginica 三个子类）。对此模式的特征值可由鸢尾花萼和花瓣的长度和宽度组成。每个样本的标识由 Iris Setosa, Iris Versicolour 和 Iris Virginica 中的一个来确定。另外，样本标识也可由1，2，3或a,b,c，或者任何3个明显不同的值来表示。

模式识别另一个常用的例子是光学字符识别（OCR）。此应用实例是将扫描文本转换为机器可编辑文本，以便于存储和检索。每个文本要经历三个步骤。第一步，对文本进行光学扫描，将其转换为位图格式。第二步，对扫描位图中的字符进行分割，以使每个字符相互分隔开，然后，利用特征提取器对每个字符进行特征提取，如空白区域、封闭形状、对角线和交叉线等。第三步，将扫描字符的特征与其对应的字符特征相关联。关联过程通过某个模式识别算法来实现。这样，标识/种类/类别的集合就变成了字符特征的集合，即字母、数字、标点符号等。

1.1　模式分类

在典型的统计模式识别应用中，模式集 S 也称为训练集，是事先给定的。集合 S 中的样本的标识是已知的，目的是通过训练集来构建一个算法对新的样本赋予标识。分类算法也称为诱导器，由特定训练集构建的诱导器的实例也称为分类器。

训练集的表示方法很多，最常见的是每个样本由一个向量描述。每个向量属于一类，并与其类别标识相关联。这样，训练集被存储在一个表中，表的每一行代表一个不同的样本。令 A 和 y 分别表示 n 个特征集合 $A=\{a_1,a_2,\cdots,a_i,\cdots,a_n\}$ 和类别标识。

样本特征也指属性，根据类别标识类型通常可分为以下两类。

（1）语义性的标识。该类别标识是一个无序集中的成员。在这种情况下，域值通常表示为 $\mathrm{dom}(a_i)=\left\{v_{i,1},v_{i,2},\cdots,v_{i,|\mathrm{dom}(a_i)|}\right\}$，式中，$|\mathrm{dom}(a_i)|$ 是域的有限集的势。

（2）数值性的标识。该类别标识是实数。数值特征可是无限集的势。

类似地，$\mathrm{dom}(y)=\{c_1,c_2,\cdots,c_k\}$ 构成标识的集合。表 1.1 显示了鸢尾花数据集的一个片段。Iris 数据集是模式识别领域最为经典的数据集之一。它首先由 R. A. Fisher 于 1936 年引入模式的示例中。此例的目的是将鸢尾花按其典型特征划分为子属类。

表 1.1 Iris 数据集（4 个数值特征和 3 个子类）

萼片长度	萼片宽度	花瓣长度	花瓣宽度	类别（Iris 类型）
5.1	3.5	1.4	0.2	Iris-setosa
4.9	3.0	1.4	0.2	Iris-setosa
6.0	2.7	5.1	1.6	Iris-versicolor
5.8	2.7	5.1	1.9	Iris-virginica
5.0	3.3	1.4	0.2	Iris-setosa
5.7	2.8	4.5	1.3	Iris-versicolor
5.1	3.8	1.6	0.2	Iris-setosa
⋮	⋮	⋮	⋮	⋮

此数据集包含 3 类，分别对应于鸢尾花的 3 种类型：即 $\mathrm{dom}(y)=\{\mathrm{IrisSetosa},\mathrm{IrisVersicolor},\mathrm{IrisVirginica}\}$。每个模式由 4 个数字特征来描述（cm）：$A=\{$萼片长度,萼片宽度,花瓣长度,花瓣宽度$\}$。

示例空间（所有可能样本的集合）定义为所有输入特征域的笛卡儿乘积的形式：$X=\mathrm{dom}(a_1)\times\mathrm{dom}(a_2)\times\cdots\times\mathrm{dom}(a_n)$。全体实例空间（或标识示例空间）$U$ 定义为所有输入特征域和目标特征域的笛卡儿乘积，即 $U=X\times\mathrm{dom}(y)$。

训练集表示为 $S(B)$，由 m 个元组组成，即

$$S(B)=\left(\langle x_1,y_1\rangle,\cdots,\langle x_m,y_m\rangle\right) \tag{1.1}$$

式中：$x_q\in X$；$y_q\in\mathrm{dom}(y)$；$q=1,2,\cdots,m$。

通常，假设训练集是随机产生的，并且是依照空间 U 上的某种固定的、未知的联合概率分布的独立分布。需指出的是在用一个函数进行有监督的分类中，这是一种通常的设置。

如上所述，诱导器的目的是产生分类器。通常，一个分类器按照训练集中模式的标识来划分示例空间。由诱导器构建的分隔区域的界线称为边界线，以使新的样本可划分到正确的区域。具体来说，就是由上面定义的未知固定分布

D 给定一个带有输入特征 $A=\{a_1,\cdots,a_i,\cdots,a_n\}$ 的训练集 S 和一个语义目标特征 y，来推导出一个具有最小泛化误差的最优分类器。

泛化误差由分布 D 上的误分类率来定义。令 I 表示一个诱导器。定义由 I 从训练集产生的 $I(S)$ 为分类器。用分类器 $I(S)$ 对一个样本 x 进行分类表示为 $I(S)(x)$。在目标特征为名词性标识的情况下，泛化误差表示为

$$\varepsilon\big(I(S),D\big)=\sum_{\langle x,y\rangle\in U} D(x,y)\cdot L\big(y,I(S)(x)\big) \tag{1.2}$$

式中 $L\big(y,I(S)(x)\big)$ 是 0/1 损失函数，即

$$L\big(y,I(S)(x)\big)=\begin{cases}0 & ,y=I(S)(x)\\ 1 & ,y\neq I(S)(x)\end{cases} \tag{1.3}$$

在数值标识的情况下，求和算子替换为求积分算子。

1.2 诱导算法

诱导算法或简称为诱导器（也称为学习器），是基于已知训练集来构建模型的算法，以使输入特征与目标特征之间产生某种关联关系。例如，一个诱导器可由特定的输入训练样本集及其相应的类别标识来构建，并产生一个分类器。

令 I 表示一个诱导器。定义由 I 从训练集产生的 $I(S)$ 为分类器。用 $I(S)$ 可对一个样本 x 预测其标识，表示为 $I(S)(x)$。

对模式分类领域丰富的研究成果和最新的研究进展略作探究，便不难找到一些适用于初学者的成熟的诱导算法。

大多数分类的核心构成是模型，该模型标明了如何对一个新的样本进行分类。不同诱导器的模型表示形式是不同的。例如，C4.5 算法[Quinlan (1993)]将模型表示为一个决策树的形式，而朴素贝叶斯[Duda and Hart (1973)]诱导器以概率的形式来表示模型。诱导器可以是确定性的（如 C4.5 算法），也可以是随机性的（如反向传播算法）。

两种形式都可以对一个新的样本进行分类。分类器可以明确的将某个类别标识赋予给定样本（清晰分类器），或者，分类器可以产生一个条件概率向量，该向量表明给定样本属于每一类的概率（概率分类器）。在这种情况下，就可以对一个观测值 x_q 估计其条件概率 $\hat{P}_{I(S)}\left(y=c_j \,\middle|\, a_i=x_{q,i};i=1,2,\cdots,n\right)$。为了区别于实际条件概率，这里用“尖帽（∧）”符号来表示条件概率估计。能够构建概率分类器的诱导器称为概率诱导器。

下面简要回顾通用的方法，以便于概念的学习，包括：决策树、神经网络、遗传算法、基于示例的学习、统计方法、贝叶斯方法和支持向量机。这些方法在本书的后续章节中都进行了详细的讨论。

1.3　规则推导

规则推导算法产生一组 if-then 规则，用于描述分类的过程。此方法的主要优点是高可理解性。即规则可被当作一个连贯英语形式的条件语言采集器，很易于应用。大多数规则诱导算法基于分隔和克服范例[Michalski (1983)]。因此，这类算法具有以下优点：① 能够发现简单的轴向平行边界；② 很好的适合于语义领域；③ 易于处理不相关的属性特征。然而，规则诱导算法在非轴向平行边界的情况下并不适用。另外，这类算法也易遭受断片问题，即在诱导过程中可用数据会出现退化现象[Pagallo, Huassler (1990)]。另一个需避免的问题是小规模脱节或过拟合问题。这种问题是由于规则只覆盖了一小部分训练样本，因此模型对训练数据拟合得很好，但对新样本的分类却造成很高的误差[Holte, et al. (1989)]。

1.4　决策树

决策树是通过对样本空间进行递归分区构建的一类分类器。其模型被描述为一棵有根的树，即带有一个节点、没有前向边的方向树被称为“根”。所有其他节点都有一个前向边。有一个后向边的节点称为“内部节点”或“测试节点”。其余的所有节点称为“叶节点”（也称为“终节点”或“决策节点”）。在一个决策树中，每个内部节点依据输入特征值的某个离散函数，将示例空间划分为两个或多个子空间。最简单也最常见的情况是每次测试只考虑一个特征，然后依据特征值来划分示例空间。如果特征值是数字型的，就是指一个范围。

每个叶节点按照最合适的目标值划归为某一类。或者，叶节点也可依据一个概率向量（亲和度向量）来表示类的归属，向量中的每个元素表示目标特征属于某一类的概率。图 1.1 为一个决策树的例子，描述了表 1.1 中鸢尾花识别任务的解决方案。

图 1.1 中内部节点表示为圆圈，叶节点表示为三角形。每个内部节点（非叶节点）可以有两个或多个后向分支。每个节点相应于某种特性，分支相应于值的范围。这些值的范围必须能够对给定特性的值的集合进行划分。

样本通过一条从根节点到叶节点的贯穿整个决策树的路径来分类，此路径由每个节点划分条件的结果来确定。具体来说，从根节点出发，测试根节点的特性，然后找出给定特性的观测值相应于哪一个后向分支。下一个节点就是所选择分支的末端对应的节点。对新节点重复以上操作并依次贯穿整个树，直至到达叶节点为止。

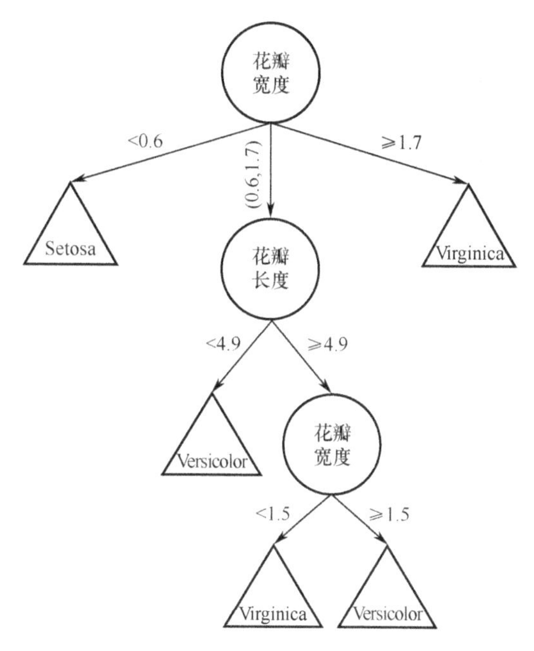

图 1.1　求解鸢尾花分类任务的决策树

决策树可用于名词性的和数值性的特征。在数值性特征的情况下，决策树在几何上可被解释为一个超平面的集合，每个特征与某个坐标轴是正交的。

自然地，对于决策树的构建者而言，都期望得到的决策树尽量简单，而不是更加复杂。此外，按照 Breiman[Breiman, et al. (1984)]的研究，决策树的复杂度对其性能有着重要的影响。通常，通过对数据的过拟合而获得的决策树规模比较庞大，而其泛化性能就比较差（与规则分类器一样）。然而，如果不是通过对数据的过拟合而获得的一个大的决策树，其对新样本的泛化性能就比较好。树的复杂程度可以通过用于构建树的停止标准和删减策略来控制。考查树的复杂程度通常包括：① 节点的总数；② 叶节点的总数；③ 树的深度；④ 所使用的特征的总数。

决策树的构建与规则的推导紧密相关。一个决策树中从根到叶的每一条路径可以转换为一条规则，即将对路径的测试作为规则的前件，将叶节点对类的预测作为规则的后件。所得到的规则集可以被简化以提高它的可理解性，并提高其精度[Quinlan (1987)]。

决策树诱导器是由给定数据集自动构造一个决策树的算法。通常，其目标是通过最小化泛化误差来找到最优的决策树。但是，也有其他类型的一些目标函数，例如，最小化节点数或最小化树的平均深度。

基于给定数据集来构造最优决策树是一项相当困难的工作。Hancock [Hancock, et al. (1996)]指出对于给定数据集，找到最优决策树是一个 NP-难题，而 Hyafil[Hyafil, Rivest (1976)]证明了在必需的期望数目的测试样本下，为了对一个未知样本进行分类，构建一个最小二叉树的工作是 NP-完全问题。甚至对于一个给定的决策树找到其对应的最小决策树[Zantema, Bodlaender (2000)]，或者从已知的决策表中构造最优决策树[Naumov (1991)]，都是 NP-难题。

这些结果表明，最优决策树算法仅仅适合于非常小的数据集和非常少的特征数。因此，启发式方法就成为解决这类问题所必需的。大体上来说，这些方法可以分为两大类：从上至下的方法和从下至上的方法，已有文献中采用第一种的偏多。

现有许多从上至下的决策树诱导器，如 ID3 算法[Quinlan (1986)]，C4.5 算法[Quinlan (1993)]，CART 算法[Breiman, et al. (1984)]等。其中有些诱导器包括两个阶段：增长和剪枝（如 C4.5 算法和 CART 算法），而其他一些诱导器仅包含增长阶段。

图 1.2 给出了包含增长和剪枝阶段的从上至下诱导算法来构造一个决算树

```
TreeGrowing (S, A, y, SplitCriterion, StoppingCriterion)
式中：
  S——训练集；
  A——输入特征集；
  y——目标特征；
  SplitCriterion——评价某个划分的方法；
  StoppingCriterion——停止增长过程的标准。
创建一个带有单个根节点的新树 T 。
if StoppingCriterion (s) THEN
  将 T 标记为一个具有 S 中最普遍类标 y 的叶节点.
else
  ∀a_i ∈ A 搜索 a ， 使其能够获得最好的 SplitCriterion(a_i, S) .
  以 a 标识 t
  for each outcome  v_i of a:
         设置  Subtree_i = TreeGrowing (σ_{a=v_i}, S, A, y) .
         将 t_T 的根节点与 Subtree_i 相连，连接边标识为 v_i
  end for
end if
return  TreePruning(S, T, y)
TreePruning(S, T, y)
式中：
  S——训练集；
  y——目标特征；
  T——要裁剪的树。
do
  选择 T 中的一个节点 t ,使得裁掉该节点可以最大地提升某个评价指标
  if  t ≠ φ  then  T = pruned(T, t)
until  t = φ
return  T
```

图 1.2　决策树诱导器从上至下算法框架

的典型伪码。这类算法本质上是贪婪的，且是从上至下的、迭代的（也称为分步解决的）。在每次迭代中，算法根据输入样本的离散特征的结果来对训练集进行划分，然后按照一个划分度量来选择最合适的特征。在最适合的划分被选择之后，每个节点进一步将训练集划分为更小的子集，直到满足停止标准为止。

通常停止标准包括：

（1）训练集中所有的样本属于一个值 y；

（2）到达决策树的最大深度；

（3）终节点的样本数小于父节点中最小的样本数；

（4）出现如下节点被划分的情况：超过一个子节点的样本数少于子节点最小的样本数；

（5）最优的划分标准小于等于给定的阈值。

1.5 贝叶斯方法

1.5.1 概述

贝叶斯方法是应用概率进行建模的一类方法，包括朴素贝叶斯[Domingos, Pazzani (1997)]方法和贝叶斯网络。贝叶斯推理的基本假设是样本特征经由概率连接，另外，这类方法要求问题是有监督的，其目标是对于给定输入特征找到目标特征的条件概率分布。

1.5.2 朴素贝叶斯方法

1.5.2.1 基本的朴素贝叶斯分类器

最简单的贝叶斯学习方法是朴素贝叶斯诱导器[Duda, Hart (1973)]。这种方法利用一组判别函数来估计给定样本属于某一类的概率。具体来说，就是对于一个给定样本，在假定输入特征是条件独立的情况下，利用贝叶斯规则来计算目标特征每个可能值的概率。

由于这种方法基于最简单的、不合实际的假设，即要求样本在给定条件下是条件独立的，因此称为朴素贝叶斯方法。

根据给定的样本特征，样本的类别由下式确定，即最大化概率值为

$$v_{\text{MAP}}\left(x_q\right)=\underset{c_j\in\text{dom}(y)}{\arg\max}\,\hat{P}\left(y=c_j\right)\cdot\prod_{i=1}^{n}\hat{P}\left(a_i=x_{q,i}\middle|y=c_j\right) \tag{1.4}$$

式中：$\hat{P}\left(y=c_j\right)$为目标特征属于 c_j 类的先验概率的估计。类似地，$\hat{P}\left(a_i=x_{q,i}\middle|y=c_j\right)$为目标特征属于 c_j 类时，输入特征 a_j 取值为 $x_{q,i}$ 的条件概率。需注意这里条件概率上方的小尖帽用于区分概率估计与实际的条件概率。

以上概率的简单估计可用训练集中相应的频率来获得，即

$$\hat{P}\left(y=c_j\right)=\frac{\left|\sigma_{y=c_j}S\right|}{|S|}\text{；}\quad \hat{P}\left(a_i=x_{q,i}\left|y=c_j\right.\right)=\frac{\left|\sigma_{y=c_j,\,a_i=x_{q,i}}S\right|}{\left|\sigma_{y=c_j}S\right|}$$

式中：$\left|\sigma_{y=c_j}S\right|$为子类 $y=c_j$ 中的样本数。利用贝叶斯规则，式（1.4）可写为

$$v_{\mathrm{MAP}}\left(x_q\right)=\underset{c_j\in\mathrm{dom}(y)}{\arg\max}\frac{\prod_{i=1}^{n}\hat{P}\left(y=c_j\left|a_i=x_{q,i}\right.\right)}{\hat{P}\left(y=c_j\right)^{n-1}} \tag{1.5}$$

或者再应用对数函数将式（1.5）写为

$$v_{\mathrm{MAP}}\left(x_q\right)=\underset{c_j\in\mathrm{dom}(y)}{\arg\max}\log\left(\hat{P}\left(y=c_j\right)\right)+\sum_{i=1}^{n}\left(\log\left(\hat{P}\left(y=c_j\left|a_i=x_{q,i}\right.\right)\right)-\log\left(\hat{P}\left(y=c_j\right)\right)\right)$$

如果“朴素”的假定是真实的，通过直接应用贝叶斯理论，此分类器在最小分类误差下是最优的（即可达到最小的泛化误差）。Domingos 和 Pazzani [Domingos, Pazzani (1997)]指出，朴素贝叶斯诱导器甚至在独立假设不成立时也可在最小分类误差意义下达到最优。

这就意味着贝叶斯分类器比起初对它的假设有更广泛的应用范围，如对于连接和非连接的学习。另外，大量的实验结果表明这种方法明显优于其他方法，甚至在特征间存在相关性的情况下也是如此。

朴素贝叶斯方法的计算复杂度远低于其他方法，比如决策树，因为不需要列举各种目标之间可能的相互作用。更具体的说，是因为朴素贝叶斯分类器仅将单变量密度函数进行简单联合，这一过程的时间复杂度为 $O(nm)$。另外，朴素贝叶斯分类器是非常简单易懂的[Kononenko (1990)]。朴素贝叶斯方法的其他优点还包括适用于增量学习环境下的模型，以及对不相关的特征具有鲁棒性。朴素贝叶斯诱导器主要的缺点是仅限于简单模型，在某些情况下不能表达问题的复杂性质。为了理解这一弱点，可以参考目标特征不能被单一特征解释的情况，如布尔异或问题（XOR）。

朴素贝叶斯分类器利用所有可用的特征进行运算，除非在预处理阶段增加一个特征选择过程。

1.5.2.2 基于数值特征的朴素贝叶斯方法

最初，朴素贝叶斯假定所有的输入特征是语义的。如果不是，则可以通过一些方法处理这一问题。

（1）预处理。在应用朴素贝叶斯方法之前，先将数值特征离散化。Domingos [Domingos, Pazzani(1997)]等建议，可以对每个数值特征构建 10 个等长度的区间（或者每个特征一个，这样可以产生最小数目的特征值），然后给每个特征值配置一个区间数。显而易见，还有许多可利用上下文信息的离散化方法，并有

可能得到更好的结果。

（2）改进朴素贝叶斯方法。John 等建议应用核估计或单变量正态分布计算条件概率[John, Langley (1995)]。

1.5.2.3 概率估计的改进算法

应用上面提到的概率估计方法往往会产生过估计问题（类似于决策树中的过拟合），尤其是当给定的类和特征从未同时出现在训练集中时。这种情况会导致零概率，当这些零概率按照原始朴素贝叶斯等式与其他概率项相乘时，就会将这些概率项的信息清除掉。

现有两种针对简单概率估计的改进方法来处理这种问题，下面就介绍这两种改进方法。

1.5.2.4 拉普拉斯改进算法

按照连续拉普拉斯定理[Niblett (1987)]，事件 $y=c_i$（y 为随机变量，c_i 为 y 的可能输出）在 m 次观测中被观测到 m_i 次的概率为

$$\frac{m_i + kp_a}{m+k}$$

式中：p_a 为事件的 a- priori 概率估计；k 为等效样本数，用于确定观测数据先验估计的权值。

按照 Mitchell 的解释[Mitchell (1997)]，k 之所以称为“等效样本数”，是因为它表示 m 个实际观测数的 k 个虚拟样本增量，这 k 个样本依概率 p_a 分布。上面的比值可以写为先验概率和后验概率 p_p 的加权平均，即

$$\begin{aligned}
&\frac{m_i + kp_a}{m+k} \\
&=\frac{m_i}{m}\cdot\frac{m}{m+k} + p_a\cdot\frac{k}{m+k} \\
&=p_p\cdot\frac{m}{m+k} + p_a\cdot\frac{k}{m+k} \\
&=p_p\cdot w_1 + p_a\cdot w_2
\end{aligned}$$

在此，应用如下的拉普拉斯改进概率，即

$$\hat{P}_{\text{Laplace}}\left(a_i = x_{q,i} \middle| y=c_j\right) = \frac{\left|\sigma_{y=c_j,\, a_i=x_{q,i}} S\right| + k\cdot p}{\left|\sigma_{y=c_j} S\right| + k} \tag{1.6}$$

为了应用上面的改进概率，必需确定 p 和 k 的值。现有几种确定方法。我们可以设定 $p=1/\left|\text{dom}(y)\right|$ 和 $k=\left|\text{dom}(y)\right|$。Ali 和 Pazzani 建议在任何情况下都设 $k=2$ 且 $p=1/2$，即使是 $\left|\text{dom}(y)\right|>2$ 也如此，以强调估计的事件总是与相反的事件相对照[Ali, Pazzani (1996)]。另外，Kohavi 等提出设定 $k=\left|\text{dom}(y)\right|/\left|S\right|$ 和 $p=1/\left|\text{dom}(y)\right|$ [Kohavi, et al. (1997)]。

1.5.2.5 非匹配策略改进算法

按照 Clark 和 Niblett 提出的理论[Clark, Niblett (1989)]，仅对零概率值进行改进，并将其取代为 $p_a/|S|$，其中，设置 $p_a = 0.5$ [Kohavi, et al. (1997)]。实验对比结果表明，拉普拉斯改进法和非匹配改进法的效果类似。但两者都要远好于原始朴素贝叶斯方法。

1.5.3 其他贝叶斯方法

一个更加成熟的基于贝叶斯模型的方法是贝叶斯信任网络[Pearl (1988)]。通常，贝叶斯信任网络中的每个节点表示某个特征。每个节点的所有前置项为其所依靠的特征。确定了这些特征值，就可以求得该节点的条件概率分布。贝叶斯网络比许多特定的方法有更清晰的语义，并可提供一个自然的平台用于将领域知识（在初始网络结构中体现）和经验学习（概率的形式，以新的网络结构体现）结合起来。但是，贝叶斯网络中推理的时间复杂度可能比较高，并且作为分类学习工具，还没有像其他方法那么成熟或是经过很好的测试。总的来说，正如 Buntine 所指出的那样[Buntine (1990)]，贝叶斯模式已经超越了任何一种单一的表示形式，并形成一个总的框架，以供众多的学习任务在其中进行研究。

1.6 其他诱导方法

1.6.1 神经网络

神经网络方法利用一个网络来构建模型，该网络由大量被称为神经元的单元相互连接而成 [Anderson, Rosenfeld (2000)]。神经元以输入/输出的方式连接，即一个神经元的输出（前件）是另一个神经元的输入（后件）。一个神经元可以有多个前件和多个后件（在有些设置中将其本身也包括在内）。每个单元利用接收到的输入产生一个输出，以完成一个简单的数据处理任务，通常是经由一个非线性函数来实现。最常用的单元类型是 Sigmoid 非线性形式，这种形式可以看作是建议规则的泛化形式，其中数字化的权值配置给输入单元的前件，其输出是等级式的，而非二元输出[Towell, Shavlik (1994)]。

多层前馈神经网络是研究最为广泛的神经网络，因为它适宜于表示一组输入特征和一个或多个目标特征之间的函数关系。在一个多层前馈神经网络中，神经元配置在各个层中。图 1.3 是一个典型的前馈神经网络。该网络由三层神经元（也称为节点）组织而成：输入层、隐层和输出层。输入层的神经元相应于输入特征，输出层的神经元相应于目标特征。隐层神经元与输入层和输出层的神经元相连接，是构建分类器的关键部分。在此，需注意的是信号流从输入到输出是有向的，并且不构成闭环。

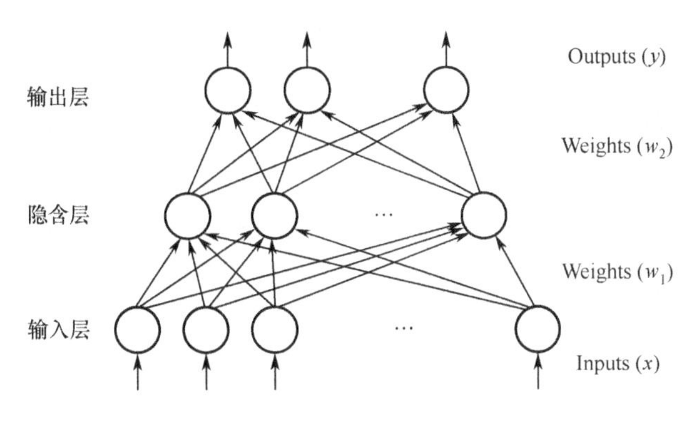

图 1.3　三层前馈神经网络

为了应用神经网络推理机来构建一个分类器，训练是必经的步骤。训练步骤通过对训练数据的评价函数进行优化计算连接权值。许多搜索方法可以用于训练网络的权值，应用最为广泛的是反传算法[Rumelhart, et al. (1986)]。该算法将输出评价函数值有效地反传给输入，使网络权值得到调整以获得一个更好的评价值。径向基函数（RBF）网络在神经元中采用高斯非线性函数[Moody, Darken (1989)]，可以看作是应用指数距离函数的最近邻方法的泛化形式[Poggio, Girosi (1990)]。

大多数神经网络都是从一个称为感知器的网络发展而来的。感知器完成以下任务：① 计算输入的线性联合；② 通过一个激励函数将输入的加权和变换为一个二元输出。图 1.4 为感知器的示意图。

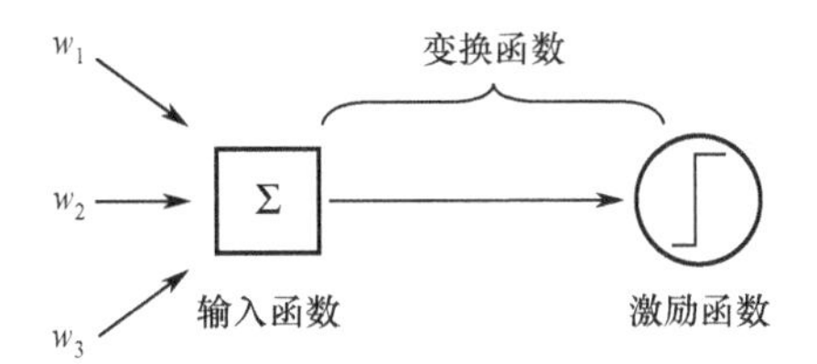

图 1.4　感知器

感知器能够对输入的特征空间进行建模以获得一个超平面，这样就有可能实现一个任意的二元决策函数（两类分类）。在超平面一边的样本被设定了一类，而在超平面另一边的样本就设定了另一类。超平面的表达式为

$$\sum_{i=1}^{n} w_i \cdot x_i = 0$$

式中：w_i 为实权值，决定了每个输入信号 x_i 对感知器输出的贡献度。

神经网络由于其学习的功效而著称于世，并且当分类所需的信息遍布大多数的特征空间，而不是集中于特征的一个小的子集时，其性能要优于其他的传统算法（如决策树）。另外，神经网络能够进行递增性的训练，即当新的样本可用时即可对网络进行调整。

然而，按照 Lu[Lu, et al. (1996)]的研究，当神经网络用于数据挖掘时也存在如下的不足：模型不具可解释性；在应用领域很难利用先验知识；训练时间过长，包括 CPU 执行时间和人工设定参数以使网络学习成功的时间，即评价函数的优化时间。Lu[Lu, et al. (1996)]利用神经网络提出了一种有效的规则提取算法。该算法以一种确定性的方式来提取规则（布尔规则），而并不使用连接权。网络通过移除冗余的连接和神经元来实现删剪，其中不可移除的属性特征（通过特征选择来确定）在删剪过程中不予考虑。

1.6.2 遗传算法

遗传算法是一种可用于训练各种模型的群体搜索算法，广泛的应用于规则集的搜索[Booker, et al. (1989)]。遗传算法在训练过程中维持一个分类器的种群，而不像其他搜索算法仅训练一个分类器。以发现一个最优的分类器为目标，在训练过程中遗传算法应用一个迭代的过程来不断提高分类器种群的评价性能。为了实现这样的目标，获得性能更好的分类器来被两两匹配成对。然后，在这些分类器对中应用随机变异操作，并且在二者之间进行局部的互换。这一过程比许多学习器中应用的简单的贪婪搜索更容易从局部最优点中脱离出来。然而，这一算法也会导致更高的计算代价。另外，遗传算法会有一个较高的风险产生差的分类器，而这些差的分类器会偶然性的对训练数据产生好的结果。

1.6.3 基于示例的学习

基于示例的学习算法[Aha, et al. (1991)]属于非参数分类算法，它按照训练数据集中类似示例的标识来对新的未标识示例进行分类。这类算法的核心是采用了一种简单的搜索程序。这些技术能够从相对较小样本集中推导出复杂的分类器，并且很自然的适用于数字领域。然而，这些算法对非相关特征非常敏感，并且不能够在示例空间的不同区域选择出不同的特征。另外，尽管模型训练的时间复杂度较低（更精确的说正是由于这样），但是对一个新的示例进行分类的时间复杂度却较高。

最基本并且最简单的基于示例的方法是最近邻（NN）诱导器，此方法最早由 Fix 和 Hodges[Fix, Hodges (1957)]提出。可能通过以下规则来表示这一方法：对未知的模式进行分类；按照一个给定的距离度量选择训练集中最近邻的样本的标识作为待分样本的标识。一个最常见的扩展算法是在 k 个最近邻样本中选择待分样本的类别标识。

尽管最近邻分类器非常简单，但这类算法比其他方法有着许多的优点。例如，它可以从一个相对较小的训练中进行学习。相对于其他算法，如决策树或神经网络，最近邻分类器只需要更少的训练样本就能获得相同的分类精度。另外，新的信息能够在训练过程中被整合进来，这一性能与神经网络相同。因此，最近邻分类器在性能上是可以和更现代化或更复杂的方法，如决策树或神经网络相竞争的。

1.6.4 支持向量机

支持向量机[Vapnik (1995)]通过一个先验的非线性映射，将输入空间映射到一个高维的特征空间。然后，在这个新的特征空间中构建一个优化的可分超平面。此超平面是按照 VC 维理论来进行优化搜索的。

第2章　集成学习概述

集成方法的核心思想是对数个单独的模式分类器进行加权，并将它们联合起来获得一个新的分类器，其性能要优于任何一个单独的分类器。集成方法模拟了我们人类的特性，在作一个重要的决策之间，会搜索数个可能的判断，然后对这些判断进行加权，并将它们联合起来形成一个最终的决策[Polikar (2006)]。

在文献中，术语“集成方法”通常限指从同一基本模型衍生出的微小变化模型的合成。然而在本书中，将其范围扩展到了不同源的模型的综合，后者在文献中也称为“多分类器系统”。

集成方法在很多领域得到了成功的应用，例如，金融[Leigh, et al. (2002)]，生物信息学[Tan, et al. (2003)]，医学[Mangiameli, et al. (2004)]，化学信息学[Merkwirth, et al.(2004)]，制造业[Maimon, Rokach (2004)]，地理学[Bruzzone, et al. (2004)]和图像检索[Lin, et al. (2006)] 等领域。

通过整合多个模型来构建一个预测模型的思想由来已久。集成方法的历史最早可追溯到1977年，由 Tukeys Twicing [Tukey (1977)]提出了一个由两个线性回归模型构成的集成方法。Tukey 建议用第一个线性回归模型对原始数据进行建模，用第二个线性回归模型来对残差进行建模。两年之后，Dasarathy 和 Sheela [Dasarathy, Sheela(1979)]提出用两个或多个分类器来对输入空间进行划分。在这一领域最大的进步发生在20世纪90年代。Hansen 和 Salamon [Hansen, Salamon (1990)]提出将多个类似配置的神经网络进行集成来提升单个神经网络的预测性能。同时 Schapire [Schapire (1990)]提出了后来大为成功的 AdaBoost 算法[Freund, Schapire (1996)]的理论基础。AdaBoost 算法揭示了可以通过多个弱分类器的联合来构建一个在概率逼近意义（PAC）上的强分类器（所谓的弱分类器是指性能仅仅略好于随机分类的简单分类器）。集成方法也可以用来提升非监督任务的精度和鲁棒性。但是，本书仅关注分类器的集成。

在过去的十几年，机器学习领域的实验研究表明多个分类器的联合输出可以减小单个分类器的泛化误差[Domingos (1996); Quinlan (1996); Bauer, Kohavi (1999); Opitz, Maclin (1999)]。集成方法之所以非常有效，主要是由于不同类型的分类器具有不同的“诱导偏差”[Mitchell (1997)]。集成方法能够利用这种多样性有效地减小误差方差[Tumer, Ghosh (1996) ; Ali, Pazzani (1996)]，而不必增加误差偏差。在某种情况下，正如大边界分类器理论所证明的那样[Bartlett, Shawe Taylor (1998)]，集成方法还可以减小误差偏差。

2.1 回到起源

Marie Jean Antoine Nicolas de Caritat, marquis de Condorcet (1743—1794)是一名法国数学家，他与其他合作者于 1785 年发表了一篇名为《多数决策的概率理论的应用分析》的论文。在这项工作中，他们提出了著名的 Condorcet 陪审团理论。这一理论来源于一个投票委员会的决策机制，其中每个投票者给出一个二元的决策（如判定为罪犯或不构成被告）。如果每个投票者是正确的概率为 p，多数投票决策为正确的概率为 M，则有如下结论。

（1）如果 $p>0.5$, 则有 $M>p$。

（2）如果 $p>0.5$, 并且其数目趋近于无穷大（$\to\infty$）时，$M\to 1$。

这个理论有两个重要的约束条件:投票者是相互独立的；仅有两种可能的决策结果。如果这两个前提条件都满足，那么只需要对足够多的投票者组成的评判委员会的决策进行简单的联合，就可以获得一个正确的决策，而这些单个的投票者决策的正确率只需略微好于随机决策即可。

Condorcet 陪审团理论最初提出的目的是为民主政治提供一个理论基础。然而，同样的原理可应用于模式识别。强学习器是一种诱导器，当给定一个有标识的训练集时，就可以产生一个任意精度的分类器。弱学习器可以产生一个精度略微好于随机分类的分类器。对强学习器和弱学习器的正式的定义超过了本书的讨论范畴。感兴趣的读者可以参考文献[Schapire (1990)]在 PAC 理论下对这些概念的定义。决策 Stump 诱导器是一个弱学习器的例子。它是一个带有语义或数字类别标识的 1-水平决策树。图 2.1 给出了一个针对表 1.1 中的 Iris 数据集的 Stump 决策示意图。该分类器通过三种情形来进行判别：花瓣长度大于或等于 2.45；花瓣长度小于 2.45；花瓣长度未知。对每一种情形分类器预测出一个不同的类别分布。

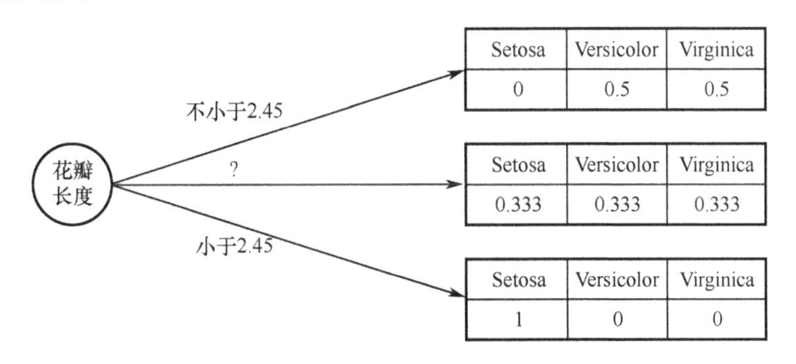

图 2.1　针对 Iris 分类任务的决策 Stump 分类器

集成学习的一个基础性问题被深入研究:“弱分类器的合成可以产生一个强分类器吗?”根据 Condorcet 陪审团理论这一目标是有可能实现的。即构建的集成分类器满足如下条件:① 组成集成的每个独立的的分类器对任一模式分类的正确概率为 $p > 0.5$；② 对任一模式的分类的正确概率为 $M > p$。

2.2 群体的智慧

Francis Galton (1822—1911)先生是一位英国的的哲学家和统计学家，它提出了标准偏差和相关的概念。有一次在家畜集市，Galton 被简单的体重竞猜游戏所吸引。围观者们被邀请参与竞猜一头公牛的体重。数以百计的民众参与到这项游戏中，但是没有一个人能够成功地猜中确切的体重：1198 磅。但是，令人惊奇的是，Galton 发现所有竞猜者给出的体重的平均值为 1197 磅，非常接近于真实值。类似于 Condorcet 陪审团理论，Galton 揭示了对多个简单的预测进行联合的强大能力，并可由此获得一个精确的预测。

James Michael Surowiecki 是一名美国的金融记者，于 2004 年出版了《群体的智慧：为什么多数比少数更聪明，集体的智慧如何塑造商业、经济、社会和国家》一书。Surowiecki 认为在某种控制条件下，从不同来源的信息的集合产生的决策往往要优于任一单个个体，甚至是专家所做的决策。

当然，并不是所有的群体都是聪明的（如一个充满泡沫的股票市场的贪婪的投资者们）。Surowiecki 认为为了变得更聪明，群体应该遵循下面的准则。

（1）多样性。每个成员都应该有私人的信息，哪怕只是对他知道的事实的一种古怪的的解释。

（2）独立性。成员的观点不会被其周围的观点所左右。

（3）分散性。成员能够依据局部知识从不同的专业角度做出决策。

（4）凝聚性。存在某种机制将所有个体的判断转变为一个合成的决策。

2.3 Bagging 算法

Bagging 算法（bootstrap 聚合）是一种简单但有效的产生一个集成分类器的方法。由该方法产生的集成分类器，可以将不同的学习分类器的输出结果合成为一个单一的分类结果。并且其分类精度要高于任一单个分类器的精度。需要特别指出的是，集成中的每个分类器的训练样本从训练集中以替换的（可以重复）方式产生。所有分类器用同样的诱导器来产生。

为了确保在每次样本采样中有足够多的样本数目，通常将采样的范围设置为原始训练集。图 2.2 给出了利用 Bagging 算法来构造集成分类器的伪码 [Breiman (1996a)]。该算法利用一个诱导算法 I 来训练集成中所有的成员。第 6

行是用来终止训练的停止准则，即当集成规模达到T时。Bagging 算法的一个主要的优点是可以很容易地实现并行应用，即在不同的处理器上训练不同的集成分类器。

```
Bagging 训练过程
已知：I 为基诱导器；T 为迭代次数；S 为原始数据集；μ 为采样规模。
1: t←1；
2: repeat;
3: S_t←1，应用替换机制从 S 中产生大小为 μ 的采样数据集；
4: 以 S_t 为训练集，利用 I 构建分类器 M_t；
5: t←t+1；
6: until t>T。
```

图 2.2　Bagging 算法

需注意的是，由于采用替换法进行样本采样，所以S中的某些原始示例可能会在S_t中出现多次，而某些原始示例可能一次也不会出现。另外，设置一个大的采样规模使得采样会有重叠，即同样的示例会出现在许多采样中。因此，当训练集S_t彼此不同时，从统计学的意义上来说它们并不相互独立。为了确保集成个体的多样性，应该应用一个相对不稳定的诱导器。可以通过对训练集加入一个小的扰动来获得不同的个体分类器。如果应用一个稳定的诱导器，集成中的个体分类器将具有类似的分类精度，这不利于提高集成的分类精度。

为了对一个新的示例进行分类，每个分类器都对其进行分类预测，如图 2.3 所示。合成 Bagging 分类器最终将具有最高的预测次数的类别作为新示例的类别（多数投票法）。

```
Bagging 分类
已知：x 为待分类的示例。
待求：C 为预测的类别。
1: Counter_1,…,Counter_|dom(y)| ← 0 {初始化投票计数器类别}；
2: for i=1 to T do;
3: vote_i ← M_i(x) {从成员 i 得到预测类别}；
4: Counter_vote_i ← Counter_vote_i +1 {对相应类别的投票计数器加 1}；
5: end for;
6: C ← 得票数最多的类别；
7: Return C。
```

图 2.3　Bagging 分类

对表 2.1 中的劳务数据集应用 Bagging 算法进行学习。表中的每个示例代表一个加拿大在 1987—1988 年期间，在企业和劳务部门之间达成的集体协议（如教师和护士）。学习的任务是区分出可接受和不可接受的协议（由该领域的专家进行分类）。所选的协议特征包括：

表 2.1　劳务数据集

Dur	Wage	Stat	Vac	Dis	Dental	Ber	Health	Class
1	5	11	average	?	?	yes	?	good
2	4.5	11	below	?	full	?	full	good
?	?	11	generous	yes	half	yes	half	good
3	3.7	?	?	?	?	yes	?	good
3	4.5	12	average	?	half	yes	half	good
2	2	12	average	?	?	?	?	good
3	4	12	generous	yes	none	yes	half	good
3	6.9	12	below	?	?	?	?	good
2	3	11	below	yes	half	yes	?	good
1	5.7	11	generous	yes	full	?	?	good
3	3.5	13	generous	?	?	yes	full	good
2	6.4	15	?	?	full	?	?	good
2	3.5	10	below	no	half	?	half	bad
3	3.5	13	generous	?	full	yes	full	good
1	3	11	generous	?	?	?	?	good
2	4.5	11	average	?	full	yes	?	good
1	2.8	12	below	?	?	?	?	good
1	2.1	9	below	yes	half	?	none	bad
1	2	11	average	no	none	no	none	bad
2	4	15	generous	?	?	?	?	good
2	4.3	12	generous	?	full	?	full	good
2	2.5	11	below	?	?	?	?	bad
3	3.5	?	?	?	?	?	?	good
2	4.5	10	generous	?	half	?	full	good
1	6	9	generous	?	?	?	?	good
3	2	10	below	?	half	yes	full	bad
2	4.5	10	below	yes	none	?	half	good
2	3	12	generons	?	?	yes	full	good
2	5	11	below	yes	full	yes	full	good
3	2	10	average	?	?	yes	full	bad
3	4.5	11	average	?	half	?	?	good
3	3	10	below	yes	half	yes	full	bad
2	2.5	10	average	?	?	?	?	bad
2	4	10	below	no	none	?	none	bad
3	2	10	below	no	half	yes	full	bad
2	2	11	average	yes	none	yes	full	bad

（续表）

Dur	Wage	Stat	Vac	Dis	Dental	Ber	Health	Class
1	2	11	generous	no	none	no	none	bad
1	2.8	9	below	yes	half	?	none	bad
3	2	10	average	?	?	yes	none	bad
2	4.5	12	average	yes	full	yes	half	good
1	4	11	average	no	none	no	none	bad
2	2	12	generous	yes	none	yes	full	bad
2	2.5	12	average	?	?	yes	?	bad
2	2.5	11	below	?	?	yes	?	bad
2	4	10	below	no	none	?	none	bad
2	4.5	10	below	no	half	?	half	bad
2	4.5	11	average	?	full	yes	full	good
2	4.6	?	?	yes	half	?	half	good
2	5	11	below	yes	?	?	full	good
2	5.7	11	average	yes	full	yes	full	good
2	7	11	?	yes	full	?	?	good
3	2	?	?	yes	half	yes	?	good
3	3.5	13	generous	?	?	yes	full	good
3	4	11	average	yes	full	?	full	good
3	5	11	generous	yes	?	?	full	good
3	5	12	average	?	half	yes	half	good
3	6	9	generous	yes	full	yes	full	good

Dur—协议期限；

Wage—协议第一年的工资增长额度；

Stat—法定假期的天数；

Vac—带薪休假的天数（average:平均值；below:低于平均值；generous:高于平均值）；

Dis—雇员长期丧失劳动能力期间资方的义务；

Dental—资方对雇员牙齿保健计划的贡献度（full:全额保障； half:半额保障；none: 无保障）；

Ber—资方对雇员丧葬费用的贡献度；

Health—资方对雇员健康计划的贡献度（full:全额保障； half:半额保障；none: 无保障）。

图 2.4 给出了对劳务数据集应用一个决策 Stump 诱导器的结果模型。对该算法应用 10 倍的交叉验证，获得的泛化精度为 59.64%。

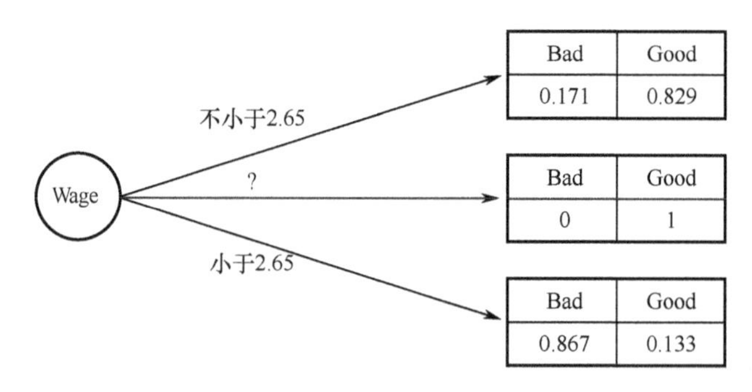

图 2.4　劳务分类任务中的单个决策 Stump 分类器

下面，对 Bagging 算法设置如下：以决策 Stump 为基诱导器（I = Decision Stump），迭代数为 4（$T = 4$），采样大小与原始数据集规模一致（$\mu = |S| = 57$），并且应用替换采样机制。因此，在每次迭代中，S 中的原始示例有可能会出现多次，也有可能根本不出现。表 2.2 显示了在每次迭代中每个示例出现的次数。

表 2.2　Bagging 算法在劳务数据集中的采样次数

示例	迭代 1	迭代 2	迭代 3	迭代 4
1			1	1
2	1	1	1	1
3	2	1	1	1
4	1	1		
5		1	2	1
6	2	1		1
7		1	1	1
8	1		1	1
9		2		
10	1	1	2	
11		1		1
12	1	1	1	
13		1	1	2
14	1	1		2
15	1		1	1
16	2	3	2	1
17	1			
18	1	2	2	1
19	1			2
20		1	3	
21	2		1	1

（续表）

示例	迭代 1	迭代 2	迭代 3	迭代 4
22	2	1	1	
23		1	2	1
24	1	1		1
25	2	2	1	2
26	1	1	1	1
27		1		
28	2	1	1	1
29	1		1	1
30	1	1		
31		1	1	3
32	2	1	2	
33	1			1
34	2	2	1	
35				2
36	1	1	1	1
37		2	1	
38	2	1		1
39	2	1	1	
40	1	1	1	2
41	1	2	2	2
42		3	2	1
43	2			1
44	1	2	1	3
45	3	1	2	1
46	1		1	2
47	1	1	2	1
48		1	1	1
49	1	2	1	2
50	2		1	1
51	1	1	1	1
52	1	1	1	
53	1	2	2	2
54	1	1		
55			2	2
56	1	1	1	1
57	1	1	2	1
总计	57	57	57	57

图 2.5 显示了所构建的 4 个分类器。应用这 4 个分类器所构建的集成分类器的泛化误差提升到了 77.19%。

应用 Bagging 算法产生的合成模型在性能上往往要优于单个学习器。Breiman (1996)发现这一结论尤其成立于不稳定的诱导器，因为 Bagging 算法能够消除它们的不稳定性。在本文中，如果在构造分类器时，能够通过扰动对学习器产生显著的改变，则称此诱导器是不稳定的。

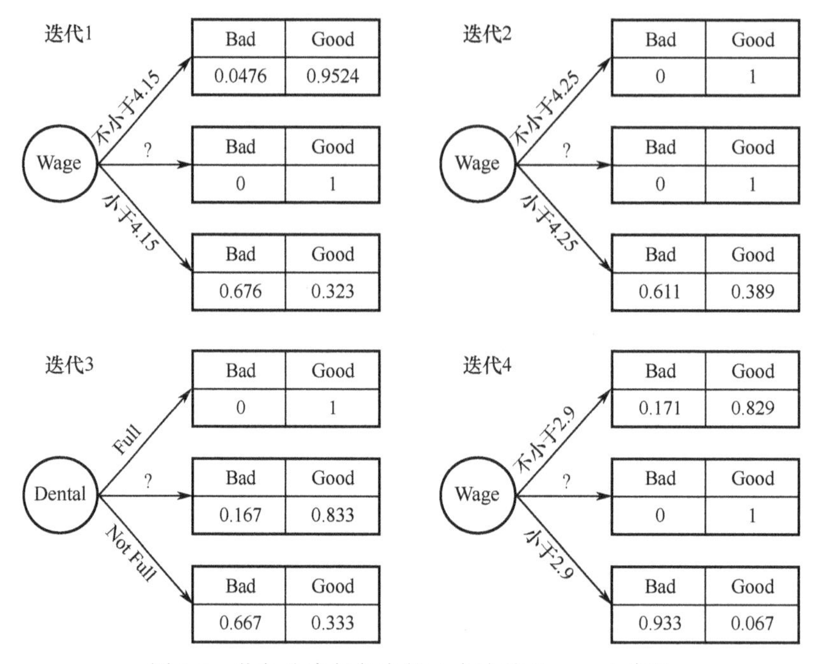

图 2.5 劳务分类任务中的 4 个决策 Stump 分类器

2.4 Boosting 算法

Boosting 算法是一个通用的用于提高弱学习器性能的方法。该方法从不同的分布中提取出的训练数据来训练弱学习器。类似于 Bagging 算法，分类器也是通过对原始数据集重采样来产生。然后将这些分类器进行合成以获得一个合成的强分类器。与 Bagging 算法不同的是，Boosting 算法对其重采样机制进行了改进，以便在每个连续的迭代中提供更有用的样本。Breiman [Breiman (1996a)] 认为 Boosting 算法的思想是 20 世纪 90 年代在分类器设计上最显著的成就。

Boosting 算法如图 2.6 所示。图中算法产生 3 个分类器。样本集 S_1 是从原始数据集中随机选择产生的，用来训练第一个分类器 M_1。第二个分类器 M_2 由采样集 S_2 训练产生，S_2 中 1/2 的示例由 M_1 不能正确分类的样本组成，另外 1/2 示例由 M_2 正确分类的样本组成。最后一个分类器 M_3 由前两个分类器分类结果不一致的样本组成的集合进行训练。对于一个待分类的新示例，每个分类器产生对该示例的预测类别。集成分类器通过多数投票法来产生最终的分类结果。

Boosting 训练过程
已知：I 为弱诱导器；S 为原始数据集；k 为第一个分类器的采样数据集的大小。
待求：M_1，M_2，M_3。
1: $S_1 \leftarrow$ 应用非替换机制从 S 中随机选择 $k < m$ 个示例；
2: $M_1 \leftarrow I(S_1)$；
3: $S_2 \leftarrow$ 应用非替换机制从 $S - S_1$ 随机选择示例，要求其中有一半被 M_1 正确分类；
4: $M_2 \leftarrow I(S_2)$；
5: $S_3 \leftarrow S - S_1 - S_2$ 中所有 M_1 和 M_2 的分类结果不同的示例。

图 2.6　Boosting 算法

2.5　AdaBoost 算法

AdaBoost（也称为自适应 Boosting）最早由 Freund 和 Schapine [Freund, Schapire (1996)]提出，是一个较为流行的集成算法，可以通过一个迭代过程提升简单 Boosting 算法的性能。其主要思想是对那些很难分类的模式给予更多的关注。总的关注度由一个权值来进行量化，并赋予训练集中的所有样本。初始化时，对所有模式都赋予相同的权值。在每次迭代过程中，所有误分类的示例的权值被增大，而正确分类的示例的权值被减小。这样，通过一些附加的步骤并且产生更多的分类器的方法，迫使弱学习器更多地关注那些难分的示例。另外，对每个个体分类器也赋予一个权值。这个权值用于度量分类器总的精度，并且是正确分类的模式的总的权值的一个函数。因此，精度高的分类器其权值也大。这些权值被用来对新模式进行分类。通过迭代过程可产生一系列互补的分类器。特别需指出的是，实验表明 AdaBoost 可逼近一个大的边界分类器，如 SVM[Rudin, et al. (2004)]。

AdaBoost 算法的伪码如图 2.7 所示。算法中的训练集由 m 个示例组成，其类别标识为–1 或+1。一个新示例的分类可由所有分类器 $\{M_t\}$ 通过投票来完成，每个示例有一个总的精度 α_t。用数学公式表示为

$$H(x) = \operatorname{sign}\left(\sum_{t=1}^{T} \alpha_t M_t(x)\right) \tag{2.1}$$

Breiman [Breiman (1998)]研究了一个简化的算法，称为 Arc-x4，其目的是揭示 AdaBoost 算法的优良性能不是因为其采用了权函数的特殊形式，而是由于其采用了自适应采样的策略。在 Arc-x4 中，一个新模式按照非加权投票来进行分类，并且在 $t+1$ 代，其更新概率定义为

$$D_{t+1}(i) = 1 + m_{t_i}^4 \tag{2.2}$$

式中：$m_{t_i}^4$ 为第 i 个示例被前 t 个分类器误分类的次数。

AdaBoost 训练过程

已知：I 为弱诱导器；T 为迭代次数；s 为训练集。

待求：$M_t,\alpha_t;t=1,2,\cdots,T$ 。

1: $t\leftarrow 1$;

2: $D_1(i)\leftarrow 1/m; i=1,2,\cdots,m$;

3: **repeat**;

4: 利用 I 和分布 D_t 构建分类器 M_t ;

5: $\varepsilon_t\leftarrow \sum_{i:M_t(x_i)\neq y_i} D_t(i)$;

6: **if** $\varepsilon_t>0.5$ **then**;

7: $T\leftarrow t-1$;

8: exit Loop.;

9: **end if**;

10: $\alpha_t\leftarrow \frac{1}{2}\ln\left(\frac{1-\varepsilon_t}{\varepsilon_t}\right)$;

11: $D_{t+1}(i)=D_t(i)\cdot \mathrm{e}^{-\alpha_t y_t M_t(x_i)}$;

12: 归一化 D_{t+1} 为一个适当的分布；

13: $t\leftarrow t+1$;

14: **until** $t>T$ 。

图 2.7　AdaBoost 算法

AdaBoost 假设用来生成分类器的弱诱导器，能够处理加权的示例。例如，大多数决策树算法就能够处理加权示例。然而，如果不是这种情况，就要通过重采样从加权数据来产生一个非加权的数据集。即按照其权值确定的概率选择出非加权的示例（直到该数据集与原始数据集的大小相同）。

为了展示 AdaBoost 算法的性能，我们将其应用于劳务数据集，并采用决策 Stump 作为基诱导器。为简便起见，采用一个劳务数据集的缩减特征的版本，即只包含两个输入特征：工资（Wage）和法定假期（Statutory）。图 2.8 给出了该数据集的投影，其中“+”号表示“好（Good）”类，“–”号表示“差（Bad）”类。

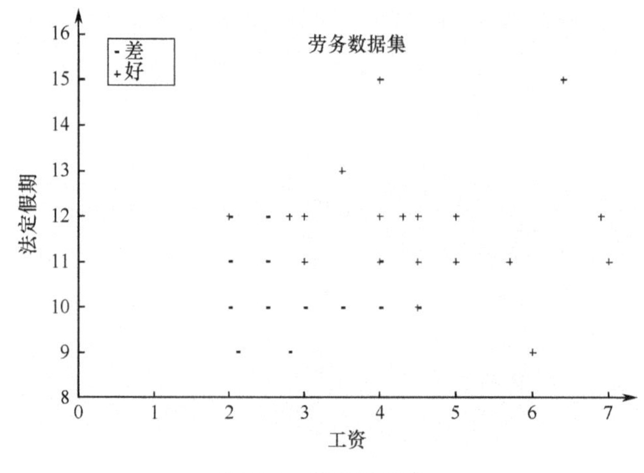

图 2.8　劳务数据集

初始分布 D_1 采用均匀分布。这样，第一个分类器与图 2.4 中的决策 Stump 是相同的。图 2.9 给出了第一个分类器的决策边界。第一个分类器的训练误分概率 $\varepsilon_1 = 23.19\%$，因此第一个分类器总的精确度权值 $\alpha_1 = 0.835$。

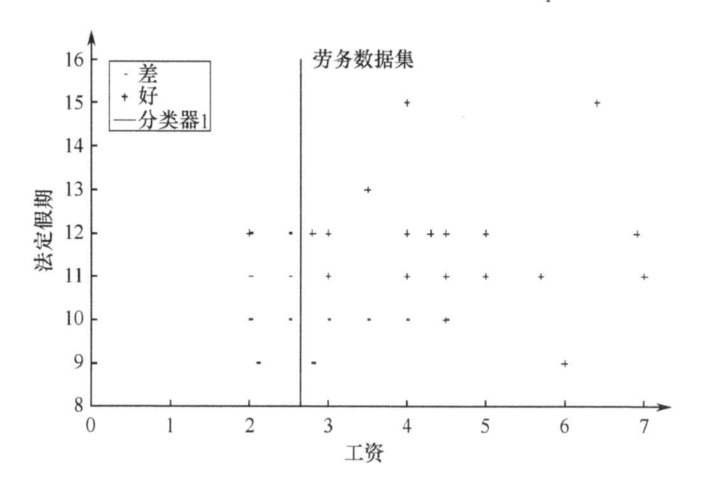

图 2.9　第一个分类器对劳务数据集的决策边界

示例的权值通过误分概率更新，如图 2.7 第 11-12 行所示。图 2.10 给出了新的权值：权值增大的示例显示为大的符号。表 2.3 给出了每次迭代后的确切的权值。图 2.11 给出了多次应用决策 Stump 算法产生分类器的示意图。第二个分类器的训练误分概率 $\varepsilon_2 = 25.94\%$，因而第二个分类器总的精确度权值 $\alpha_2 = 0.79$。由第二个分类器得出的新的决策边界如图 2.12 所示。

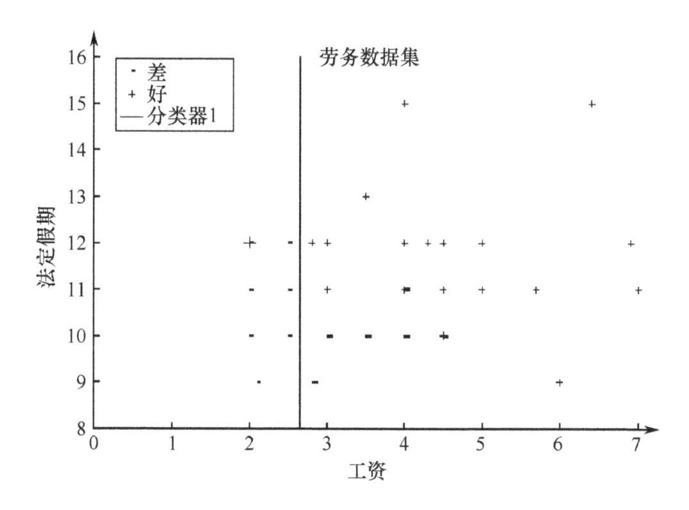

图 2.10　第一次迭代后劳务示例的权值（权值增大的示例表示为更大的符号。竖线就是第一个分类器的决策边界）

表 2.3 每次迭代后劳务数据集中示例的权值

工资	法定假期	类别	权值			
			迭代 1	迭代 2	迭代 3	迭代 4
5	11	Good	1	0.59375	0.357740586	0.217005076
4.5	11	Good	1	0.59375	0.357740586	0.217005076
?	11	Good	1	0.59375	0.357740586	0.217005076
3.7	?	Good	1	0.59375	0.357740586	1.017857143
4.5	12	Good	1	0.59375	0.357740586	0.217005076
2	12	Good	1	3.166666667	1.907949791	5.428571429
4	12	Good	1	0.59375	0.357740586	1.017857143
6.9	12	Good	1	0.59375	0.357740586	0.217005076
3	11	Good	1	0.59375	0.357740586	1.017857143
5.7	11	Good	1	0.59375	0.357740586	0.217005076
3.5	13	Good	1	0.59375	0.357740586	1.017857143
6.4	15	Good	1	0.59375	0.357740586	0.217005076
3.5	10	Bad	1	3.166666667	1.907949791	1.157360406
3.5	13	Good	1	0.59375	0.357740586	1.017857143
3	11	Good	1	0.59375	0.357740586	1.017857143
4.5	11	Good	1	0.59375	0.357740586	0.217005076
2.8	12	Good	1	0.59375	0.357740586	1.017857143
2.1	9	Bad	1	0.59375	0.357740586	0.217005076
2	11	Bad	1	0.59375	1.744897959	1.058453331
4	15	Good	1	0.59375	0.357740586	1.017857143
4.3	12	Good	1	0.59375	0.357740586	0.217005076
2.5	11	Bad	1	0.59375	1.744897959	1.058453331
3.5	?	Good	1	0.59375	0.357740586	1.017857143
4.5	10	Good	1	0.59375	1.744897959	1.058453331
6	9	Good	1	0.59375	1.744897959	1.058453331
2	10	Bad	1	0.59375	0.357740586	0.217005076
4.5	10	Good	1	0.59375	1.744897959	1.058453331
3	12	Good	1	0.59375	0.357740586	1.017857143
5	11	Good	1	0.59375	0.357740586	0.217005076
2	10	Bad	1	0.59375	0.357740586	0.217005076
4.5	11	Good	1	0.59375	0.357740586	0.217005076
3	10	Bad	1	3.166666667	1.907949791	1.157360406
2.5	10	Bad	1	0.59375	0.357740586	0.217005076
4	10	Bad	1	3.166666667	1.907949791	1.157360406
2	10	Bad	1	0.59375	0.357740586	0.217005076
2	11	Bad	1	0.59375	1.744897959	1.058453331

（续表）

工资	法定假期	类别	权值			
			迭代 1	迭代 2	迭代 3	迭代 4
2	11	Bad	1	0.59375	1.744897959	1.058453331
2.8	9	Bad	1	3.166666667	1.907949791	1.157360406
2	10	Bad	1	0.59375	0.357740586	0.217005076
4.5	12	Good	1	0.59375	0.357740586	0.217005076
4	11	Bad	1	3.166666667	9.306122449	5.64508443
2	12	Bad	1	0.59375	1.744897959	1.058453331
2.5	12	Bad	1	0.59375	1.744897959	1.058453331
2.5	11	Bad	1	0.59375	1.744897959	1.058453331
4	10	Bad	1	3.166666667	1.907949791	1.157360406
4.5	10	Bad	1	3.166666667	1.907949791	5.428571429
4.5	11	Good	1	0.59375	0.357740586	0.217005076
4.6	?	Good	1	0.59375	0.357740586	0.217005076
5	11	Good	1	0.59375	0.357740586	0.217005076
5.7	11	Good	1	0.59375	0.357740586	0.217005076
7	11	Good	1	0.59375	0.357740586	0.217005076
2	?	Good	1	3.166666667	1.907949791	5.428571429
3.5	13	Good	1	0.59375	0.357740586	1.017857143
4	11	Good	1	0.59375	0.357740586	1.017857143
5	11	Good	1	0.59375	0.357740586	0.217005076
5	12	Good	1	0.59375	0.357740586	0.217005076
6	9	Good	1	0.59375	1.744897959	1.058453331

后续的迭代产生其他的分类器，如图 2.11 所示。应用 10 倍的交叉验证，仅仅 4 次迭代之后，AdaBoost 算法就将估计的泛化精度从 59.64% 提升到 87.71%。此算法性能的提升程度比 Bagging 算法（77.19%）要更高。不过，AdaBoost 算法仅是对劳务数据的二维特征的缩减版本而得到的分类结果。这两维特征并不是任意选取的。事实上，是根据先验知识选择的，以便 AdaBoost 算法关注于最相关的特征。如果 AdaBoost 算法应用与 Bagging 算法同样的数据集，二者的精度是一样的。然而，如果增加集成的规模，AdaBoost 算法会持续地提升其精度，而 Bagging 算法的提升并不显著。例如，对完整版本的劳务数据集应用 10 个分类器时，AdaBoost 算法能够获得 82.45% 的精度，而 Bagging 算法仅能获得 78.94% 的精度。

AdaBoost 的精度的提升源于两个原因。

（1）它生成的最终分类器之所以分类误差较小，是由于其成员的误差较大。

（2）它生成的集成分类器的方差要显著的低于弱的基学习器的方差。

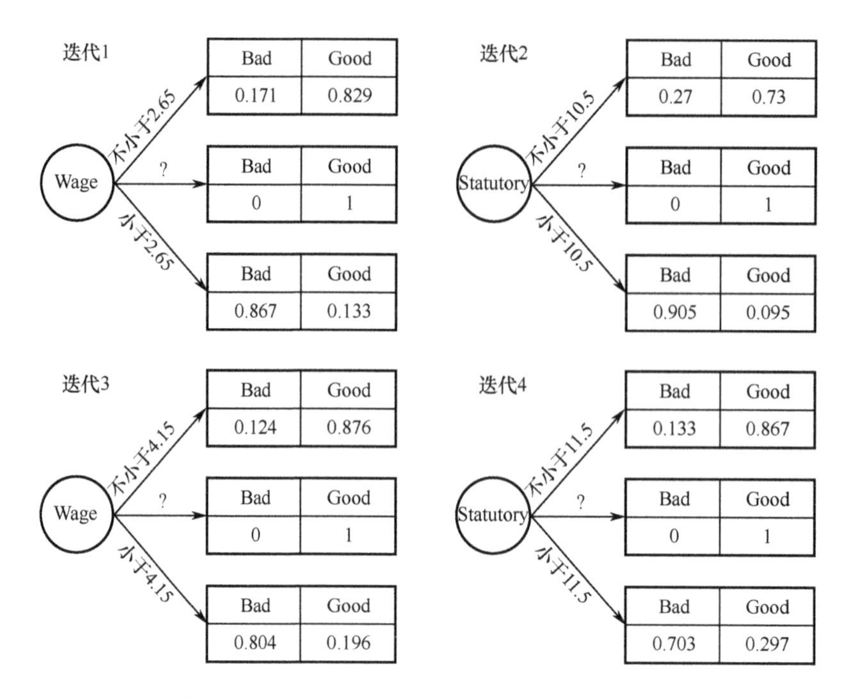

图 2.11　AdaBoost 前 4 次迭代所获得的分类器

然而，AdaBoost 对于基诱导器的性能的提升是无能为力的。根据 Quinlan [Quinlan (1996)]的研究，其主要原因是由于 AdaBoost 算法的过拟合。Boosting 算法的目标是通过迭代提升分类精度来构建一个性能优异的合成分类器。然而，如果迭代数过高可能会导致一个过复杂的集成分类器，其精度甚至不如一个个体分类器。避免过拟合的一个方法是用尽量小的迭代数。

与 Boosting 算法类似，Bagging 算法也是通过联合多个分类器来产生一个合成的模型，以提高分类精度，不过其个体分类器都是源于同样的诱导器。为了将不同分类器的输出进行合成，这两种方法都用一个投票的方法，但具体应用上有所区别。与 Bagging 算法不同，Boosting 算法中的每个个体分类器受先前构造的分类器的性能所影响。一个新的分类器会对先前构造的分类器错分的那些样本给予更多的关注，而总的关注度是由这些先前分类器的性能所决定的。在 Bagging 算法中，每个示例是用相同的概率选择的，而对于 Boosting 算法，示例是由与其权值成比例的概率来选择的。另外，正如 Quinlan[Quinlan(1996)]所指出的，Bagging 算法需要一个不稳定的学习器作为基诱导器，而 Boosting 算法并没有这样的要求，但是每个分类器的误分概率要求低于 0.5。

Meir 和 Ratsch[Meir, Ratsch (2003)]给出了 AdaBoost 和其变体的统一的理论框架。他们也提出了一个通用的称为杠杆的策略，许多 Boosting 算法都可由此策略推导出来。这个通用策略如图 2.13 所示，不同的算法应用不同的损失函数 G 。

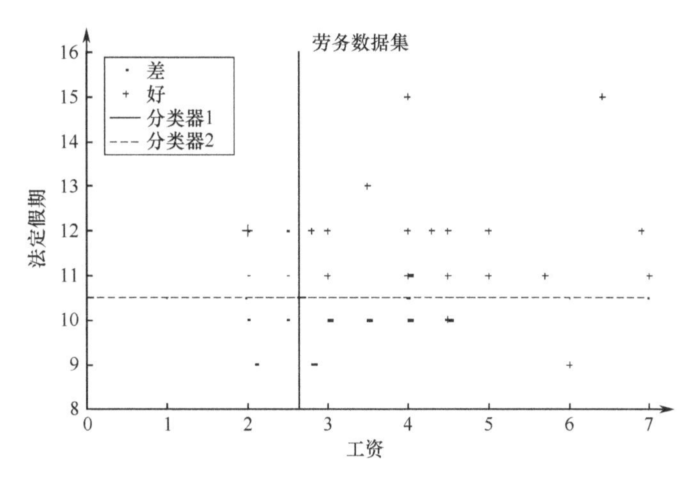

图 2.12 第二次迭代后劳务数据示例的权值（权值增大的示例表示为大一些的符号，水平线为第二个分类器的决策边界）

Input: $S=\langle(x_1,y_1),\cdots,(x_N,y_N)\rangle$，迭代数为 T；

损失函数 $G:\mathrm{R}^N\to\mathrm{R}$；

初始化：$f_0\equiv 0, d_n^1=g'\left(f_0(x_n),y_n\right)$ for all $n=1,2,\cdots,N$；

Do for $t=1,2,\cdots,T$；

(1) 由 $\{S,d^t\}$ 训练分类器，并获得假设 $H\in h_t:X\to Y$；

(2) 设置 $\alpha_t=\arg\min_{\alpha\in\mathbb{R}}G[f_t+\alpha h_t]$；

(3) 更新 $f_{t+1}=f_t+\alpha_t h_t$ 和 $d_n^{(t+1)}=g'\left(f_{t+1}(x_n),y_n\right), n=1,2,\cdots,N$；

输出：f_T。

图 2.13 Meir 和 Ratsch (2003)提出的杠杆算法

2.6 没有免费的午餐理论和集成学习

不同的集成方法和它们的变体在各种应用领域的实验比较显示，每种算法只在某些领域表现优异，但不可能在所有领域都优异。这种现象称为“选择性优越问题”[Brodley (1995a)]。

众所周知，没有一种算法能够在所有领域都产生最好的结果。每种算法或明或暗地存在偏差[Mitchell (1980)]，这样，该算法才能在其他领域保持某种泛化性能，并且只要其偏差与应用领域的特性是相匹配的，则该算法就是成功的[Brazdil, et al. (1994)]。另外，其他的一些结果显示“守恒定律”[Schaffer (1994)]或“没有免费的午餐定律”[Wolpert(1996)]是真实存在的，并且是正确的，即如果一个诱导器在某些领域优于其他诱导器，那么必然在其他领域存在着正好相反的关系。

“没有免费的午餐”定律揭示出对于一个给定的问题，应用相同的数据，某种方法可能比其他方法得到更多的信息。同时，“对于任何两种学习算法，按照任何一种优越性度量，算法一优于算法二的情形和与之相反的情形必定是一样多的（经过适当的加权）”[Wolpert (2001)]。

有必要对所有数学上可能的领域(仅是所采用的表示语言的某种简单产物)与真实世界的领域作一个区分，这也是 Rao 等人[Rao, et al. (1995)]主要感兴趣的内容。很明显，许多领域存在于前者而并不存在于后者，并且在真实世界领域中的平均精度可以通过牺牲实际上从不会存在的领域的精度得以提升。事实上，这也是诱导学习研究的目标。一些算法在某些自然发生的领域的匹配度要优于其他算法，因此能够获得更高的精度（在另一些真实领域情况可能正好相反）。但是，也不能排除某个改进算法与每个领域的最好算法一样精确。

在许多应用领域，即使最好算法的泛化误差也只是大于 0，仍然存在一个公开并且很重要的问题，即是否可以对算法进行改进以及如何改进。为了回答这个问题，必须首先确定在该应用领域任何一个分类器的能够达到的最小误差（最优贝叶斯误差）。如果现存的方法无法达到这一水平，就必须考虑新的算法。尽管这一问题受到了广泛的关注(例如 Tumer 和 Ghosh 的文献[Tumer, Ghosh (1996)])，迄今为止，没有一种文献中给出的方法能够在众多的领域都表现优异。

“没有免费的午餐”定律给研究人员在解决一项新的任务时，提出了一个难题：应该用哪一种诱导器？

集成方法克服了“没有免费的午餐”的难题，它对多个分类器的输出进行联合，并假设每个分类器在某个领域性能优异，而在其他领域是次优的。尤其是，多策略学习（Multistrategy Learning) [Michalski, Tecuci (1994)]试图将多个不同的模式整合到一个单一的算法中。在这一领域的大多数研究都关注于实验方法和解析方法的联合(例如 Towell 和 Shavlik 的文献[Towell, Shavlik (1994)]。理想的情况是，通过减轻每个个体的应用需求和简化知识获取任务，一个多策略学习算法的性能总是要与其最好的个体成员相当。更值得期待的是，对不同模式的联合可能会产生相互促进的影响（例如，在示例空间的不同类别区域之间构建各种边界类型），以获得任何一个个体方法不可能达到的精度水平。

2.7 偏差解构和集成学习

众所周知，误差可以被解构为 3 种加性分量[Kohavi, Wolpert (1996)]：本质误差、偏差和方差。

本质误差也称为不可削减误差，是由于噪声产生的分量。其数量是一个诱导器的低界，即贝叶斯最优分类器的期望误差。偏差是一个诱导器产生的持续的或系统的误差。方差是一个与偏差相接近的概念。方差捕获算法从一个训练集到另一个训练集的随机变化，即它度量算法对于实际训练集的敏感性，或由于训练集规模的有限性造成的误差。

下面的等式给出了在 0-1 损失函数下不同误差分量可能的数学定义，即

$$t\left(I,S,c_j,x\right)=\begin{cases}1, & \hat{P}_{I(S)}\left(y=c_j\middle|x\right)>\hat{P}_{I(S)}\left(y=c^*\middle|x\right)\forall c^*\in\mathrm{dom}\left(y\right),\neq c_j\\0, & 其他\end{cases}$$

$$\mathrm{bias}^2\left(P\left(y\middle|x\right),\hat{P}_I\left(y\middle|x\right)\right)=\frac{1}{2}\sum_{c_j\in\mathrm{dom}(y)}\left[P\left(y=c_j\middle|x\right)-\sum_{\forall S,|S|=m}P\left(S\middle|D\right)\cdot t\left(I,S,c_j,x\right)\right]^2$$

$$\mathrm{var}\left(\hat{P}_I\left(y\middle|x\right)\right)=\frac{1}{2}\left\{1-\sum_{c_j\in\mathrm{dom}(y)}\left[\sum_{\forall S,|S|=m}P\left(S\middle|D\right)\cdot t\left(I,S,c_j,x\right)\right]^2\right\}$$

$$\mathrm{var}\left(P\left(y\middle|x\right)\right)=\frac{1}{2}\left\{1-\sum_{c_j\in\mathrm{dom}(y)}\left[P\left(y=c_j\middle|x\right)\right]^2\right\}$$

需注意的是，当应用诱导器 I 且训练集大小为 m 时，对示例 x 的误分概率为

$$\begin{aligned}\varepsilon\left(x\right)&=\mathrm{bias}^2\left(P\left(y\middle|x\right),\hat{P}_I\left(y\middle|x\right)\right)+\mathrm{var}\left(\hat{P}_I\left(y\middle|x\right)\right)+\mathrm{var}\left(P\left(y\middle|x\right)\right)\\&=1-\sum_{c_j\in\mathrm{dom}(y)}P\left(y=c_j\middle|x\right)\cdot\sum_{\forall S,|S|=m}P\left(S\middle|D\right)\cdot t\left(I,S,c_j,x\right)\end{aligned}$$

式中：I 为诱导器；S 为训练集；c_j 为一个类别标识；x 为一个模式；D 为示例定义域。

需要注意的是，在 0-1 损失函数下，偏差和方差也可以有其他的定义形式。这些定义不必要保持一致。事实上，哪一个是最合适的定义在研究领域也存在广泛的争论。对这些定义的一个完整的综述可以参考 Hansen 的文献[Hansen(2000)]。

然而，在回归问题领域，一个统一的偏差和方差的定义被大家所接受。在该领域，通过参考二次损失函数定义偏差分量是有用的，具体形式为

$$\begin{aligned}&E\left(f\left(x\right)-\hat{f}_R\left(x\right)^2\right)=\\&\mathrm{var}\left(f\left(x\right)\right)+\mathrm{var}\left(\hat{f}_R\left(x\right)\right)+\mathrm{bias}^2\left(f\left(x\right),\hat{f}_R\left(x\right)\right)\end{aligned}$$

式中：$\hat{f}_R\left(x\right)$ 为回归模型的预测值；$f\left(x\right)$ 为实际值。

本质方差和偏差分别定义为

$$\mathrm{var}\left(f\left(x\right)\right)=E\left(\left(f\left(x\right)-E\left(f\left(x\right)\right)\right)^2\right)$$

$$\mathrm{var}\left(\hat{f}_R\left(x\right)\right)=E\left(\left(\hat{f}_R\left(x\right)-E\left(\hat{f}_R\left(x\right)\right)\right)^2\right)$$

$$\mathrm{bias}^2\left(f\left(x\right),\hat{f}_R\left(x\right)\right)=E\left(\left(E\left(\hat{f}_R\left(x\right)\right)\right)-E\left(f\left(x\right)\right)\right)^2$$

简单的模型比复杂模型更易于获得一个更大的偏差和更小的方差。Bauer 和 Kohavi 的文献[Bauer, Kohavi (1999)]提出了一个实验结果是支持关于朴素贝叶斯诱导器的最新的论点，而 Dietterich 和 Kong 文献的[Dietterich, Kong (1995)]则研究了决策树中偏差和方差的关系。图 2.14 展示了这一论点。图中显示方差和偏差之间存在一定的平衡。一个简单的分类器，具有一个较大的偏差和一个小的方差。如果分类器的复杂性增加，则其方差变大而偏差变小。当偏差和方差相等时，就可获得最小泛化误差。

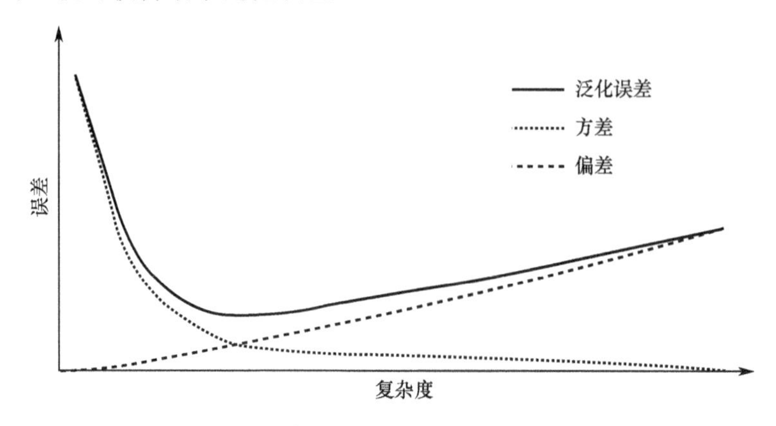

图 2.14　确定性情况下的方差 VS 偏差[Hansen(2000)]

实验和理论证据显示一些集成技术（如 Bagging）具有方差减小机制，即它们可减小误差的方差分量。另外，实验结果显示另一些集成技术（如 AdaBoost）可同时减小误差的偏差和方差分量。具体来说，偏差似乎主要在迭代早期得到减小，而方差在迭代后期被减小。

2.8　Occam 剃刀和集成学习

William Occam 是一名 14 世纪的英国哲学家，他在科学界提出了一个以他的名字命名的重要定理。Occam 剃刀定理的主要内容为：任何现象的解释应该尽可能少作一些假设，要排除那些对解释性假设或理论的预测不产生影响的假设。

按照 Domingos 的文献[Domingos (1999)]的观点，在模式识别领域对于 Occam 剃刀定理存在两种不同的解释：

（1）第一个剃刀。假设有两个具有相同的泛化误差的分类器，那我们宁愿选择那个简单的，因为简单的分类量更实用。

（2）第二个剃刀。假设有两个具有相同的训练集误差的分类器，那我们宁愿选择那个简单的，因为简单的分类器往往具有更低的泛化误差。

实验表明某些集成技术即便包含数千个分类器，也不会对模型产生过拟合。另外，有些时候在训练误差达到 0 之后，泛化误差还会持续地得到提升。图 2.15

展示了这种现象。该图中的图形显示一个集成算法的训练和测试误差是其规模的一个函数。当训练误差达到 0 时，测试误差逼近泛化误差，并持续得到减小。很明显，这种现象与第二个 Occam 剃刀的思想相矛盾。将包含 20 个成员的集成与包含 30 个成员的集成相比较，发现二者拥有相同的训练误差。因此，按照第二个 Occam 剃刀理论，我们应该选择更简单的集成（即包含 20 个成员的集成）。然而，该图形显示应该选择大的集成，因为它拥有更低的测试误差。这一矛盾可以通过如下方式解决，即完全赞同第一个剃刀的内容，而对第二个剃刀，单从字面上来说，就认为是错误的[Domingos (1999)]。

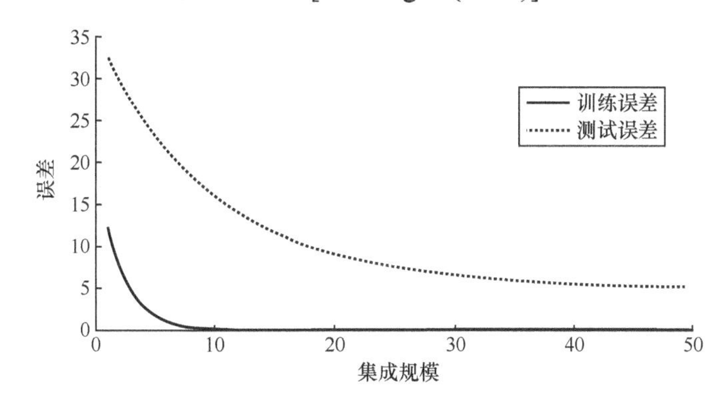

图 2.15　某个集成算法产生的训练和测试误差与其规模的函数关系示意图

Freund [Freund(2009)]宣称存在两种主要的理论可以解释图 2.15 中的现象。第一种理论将集成方法与逻辑回归联系起来。集成方法的误分率的下降可以看作是似然增加的副产品。第二个理论也即是最大边界理论。类似于支持向量机（SVM）理论，最大边界理论致力于减小测试集上的分类误差。

2.9　分类器相关性

集成方法可以按照每个分类器在多大程度上彼此影响来进行区分。这一特性显示了不同的分类器是相关的还是相互独立的。在一个相关的框架下，一个分类器的输出结果会对下一个分类器的生成产生影响。在独立框架下，每个分类器可独立的构造，并且它们的结果按某种方式进行联合。一些研究者将这一特性称为“模型之间的关系”，并且将其分为 3 种类型;连续型、协作型和监督型[Sharkey (1996)]。粗略地说，“连续型”即是“相关型”，而“协作型”即是“独立型”。最后一个类型是指一个模型控制着其他模型。

2.9.1　相关性方法

在用于集成的相关型方法中，在学习过程中存在着交互作用。因此，有可能利用先前迭代中产生的知识来引导下一次迭代的学习。在以下的章节中，将相关型学习分为两种主要的类型[Provost, Kolluri (1997)]。

2.9.1.1 模型引导的示例选择

在相关型方法中，先前迭代中构造的分类器被用来操纵训练集，以用于后续的学习（图 2.16）。可以将这一过程嵌入到学习算法中，这类方法通常不考虑初始分类器正确分类的示例，而仅学习那些误分的示例。

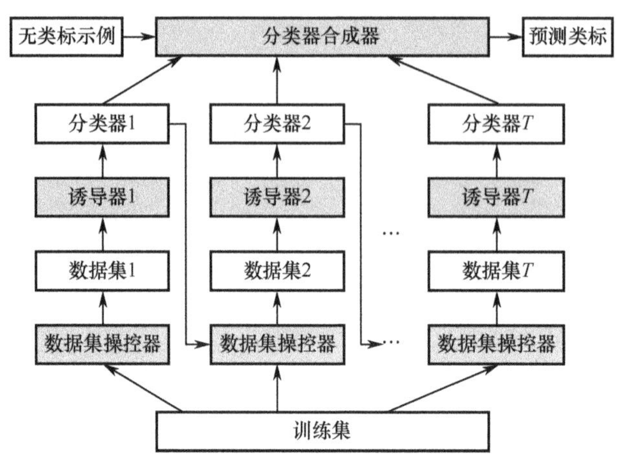

图 2.16 示例选择推导模型框图

2.9.1.2 基本 Boosting 算法

最著名的基于模型引导的示例选择算法是 Boosting 算法。Boosting 算法（也称为 Arcing-自适应重采样和联合决策算法）是一种用于提升弱学习器（分类规则和决策树）的性能的通用的方法。这类方法通过在各种分布的训练数据上重复运行一个弱学习器来实现集成学习。由弱学习器产生的分类器被合成为一个强分类器，以获得一个比所有弱分类器都高的精度。

AdaBoost 算法首先由 Freund 和 Schapire 的文献[Freund, Schapire(1996)]提出。该算法的主要思想是对每个训练样本都配置一个权值。在初始阶段，所有的权值是相等的，而在随后的每次迭代中，所有误分示例的权值被增加，而被正确分类的示例的权值被减小。这样，弱学习器仅关注训练集中难分的示例。这样的程序就可产生一系列互补的分类器。

Breiman [Breiman (1998)]研究了一种称为 Arc-x4 的简化 Arcing 算法，其目的是验证 AdaBoost 算法之所以有效并不是因为特定形式的权函数，而是因为自适应重采样。在 Arc-x4 中，分类器通过简单的投票策略进行联合，并且第 $t+1$ 次迭代更新的概率定义为

$$D_{t+1}(i)=1+m_{t_i}^4 \tag{2.3}$$

式中：m_{t_i} 为第 i 个示例被前 t 个分类器误分的次数。

基本的 AdaBoost 算法用于处理二元分类。Freund 和 Schapire 提出了两种版本的 AdaBoost 算法（AdaBoost.M1，AdaBoost.M2），这两种算法在二元分类中是等同的，而在多类分类问题中是不同的。图 2.17 给出了 AdaBoost.M1 算法的伪码。新示例按照下面的等式进行分类，即

$$H(x)=\underset{y\in\mathrm{dom}(y)}{\arg\max}\left(\sum_{t:M_t(x)=y}\lg\frac{1}{\beta_t}\right) \tag{2.4}$$

式中：β_t 的定义见图 2.17。

AdaBoost.M1 算法
已知：I 为弱诱导器；T 为迭代次数；S 为训练集。
待求：$M_t,\beta_t;t=1,2,\cdots,T$。
1: $t\leftarrow 1$；
2: $D_1(i)\leftarrow 1/m;i=1,2,\cdots,m$；
3: **repeat**；
4: 利用 I 和分布 D_t 构建基分类器 M_t；
5: $\varepsilon_t\leftarrow\sum_{i:M_t(x_i)\neq y_i}D_t(i)$；
6: **if** $\varepsilon_t>0.5$ **then**；
7: $T\leftarrow t-1$；
8: exit Loop；
9: **end if**；
10: $\beta_t\leftarrow\frac{\varepsilon_t}{1-\varepsilon_t}t$；
11: $D_{t+1}(i)=D_t(i)\cdot\begin{cases}\beta_t, & M_t(x_i)=y_i\\ 1, & \text{其他}\end{cases}$；
12: 将 D_{t+1} 归一化为一个合适的分布；
13: $t++$；
14: **until** $t>T$。

图 2.17 AdaBoost.M1 算法

AdaBoost.M2 算法是应用于多类情况的第二种 AdaBoost 算法的扩展版本。该算法需要在 Boosting 算法算法和弱学习算法之间进行更精细的通信。AdaBoost.M2 算法利用“伪损失”的概念来度量弱假设的好处。AdaBoost.M2 算法的伪码如图 2.18 所示。每个示例 i 和类别标识 $y\in Y-\{y_i\}$ 的权写为 $w_{i,y}^t$。函数 $q=\{1,\cdots,N\}\times Y\rightarrow[0,1]$ 称为标识权函数，给训练集中的每个样本 i 配置一个概率分布，使得对于每个 i 有：$\sum_{y\neq y'}q(i,y)=1$。诱导器得到一个分布 D_t 和一个标识权函数 q_t。诱导器的目标是对于给定的分布 D 和权函数 q 最小化伪损失 ε_t。

2.9.1.3 改进的 Boosting 算法

Friedman 等人[Friedman, et al. (2000)]提出了一个 AdaBoost 算法的泛化版

本，称为实值 AdaBoost 算法。

AdaBoost.M2 算法
已知：I 为一个基诱导器；T 为迭代次数；S 为原始训练集；μ 为样本规模。
1: 初始化权向量 $D_1(i) \leftarrow 1/m,\ i=1,\cdots,m$ 和 $w_y^1 = D(i)/(k-1),\ i=1,2,\cdots,m;\ y \in Y - y_i$；
2: **for** $t=1,2,\cdots,T$ **do**；
3: Set $W^t = \sum_{y \neq y_i} w_{i,y}^t$；
4: $q_t(i,y) = \frac{w_y^t}{W^t},\ y \neq y_i$；
5: Set $D_t(i) = \frac{W^t}{\sum_{i=1}^{N} W^t}$；
6: 对于分布 D_t 和类标加权函数 q_t，应用 I，得到假设 $M_t : x \times Y \to [0,1]$；
7: 计算 M_t 的伪损失：$\varepsilon_t = \frac{1}{2}\sum_{i=1}^{N} D_t(i)\left(1 - h_t(x_i, y_i) + \sum_{y \neq y_i} q_t(i,y) h_t(x_i, y)\right)$；
8: 设置 $\beta_t = \varepsilon_t / 1 - \varepsilon_t$；
9: 设置新的权向量：$w_y^{t+1} = w_y^t \beta_t^{(1/2)\left(1+h_t(x_i,y_i)-h_t(x_i,y)\right)},\ i=1,2,\cdots,N,\ y \in Y - \{y_i\}$；
10: **end for**。

图 2.18 AdaBoost.M2 算法

这个改进的算法通过以一种前向递进的方式拟合一个加性逻辑回归模型，来联合分类器的估计类别概率。这个版本的算法减少了计算复杂度，并且有可能获得更好的性能，尤其是对于决策树而言。另外，该算法还可对集合决策规则提供一个可解释的描述。

Friedman [Friedman (2002)]之后又提出了一个梯度 Boosting 算法，该算法在每次迭代中按最小均方规则顺序调整基学习器的参数，使其与当前“伪”残差相拟合。伪残差是损失函数被最小化时的梯度，是在当前迭代中关于每个被评估的训练数据点的模型值的梯度。为了提升精度性能，增加鲁棒性和减少计算代价，在每次迭代中，算法随机应用了一个训练集的子采样（非替换）策略对基分类器进行调整。

Phama 和 Smeuldersb [Phama, Smeuldersb (2008)]应用一个基分类器的二次方联合，提出了一个对 AdaBoost 算法进行改进的策略。算法的思想是构建一个中间过渡学习器，对联合的线性项和二次方项进行操作。

首先，利用训练样本的随机标识来训练一个分类器；然后，在每次循环中，应用一个训练样本标识的系统更新策略，来重复调用学习算法。此算法与应用训练样本再加权的 AdaBoost 算法是相当的。二者都通过对原始数据集进行再加权和再标记，充分利用给定的基学习器，从而形成了一个强大的集成。对比于 AdaBoost 算法，二次方 Boosting 算法更充分地利用了示例空间，并且对于大数据集在训练速度上表现更好。尽管此集成算法的训练时间 10 倍于 AdaBoost 算法，但二者的分类时间是相当的。

Tsao 和 Chang [Tsao, Chang (2007)]把 Boosting 算法当作一个随机逼近近过程，并提出了 SA-Boost（SA 即随机逼近）算法，该算法与 AdaBoost 算法类似，只是成员权值的计算方式不一样。

在此提出的所有 Boosting 算法都假设所用的弱诱导器能够处理加权的示例。如果不满足此条件，则可应用一个重采样技术从加权数据中产生非加权数据。即以示例的权值得到的概率选择示例（直到所获得的数据集与原始训练集一样大）。

AdaBoost 算法很少存在过拟合问题。Freund 和 Schapire[Freund, Schapire (2000)]指出："Boosting 算法之所以在统计和其他应用领域广受关注，一个最主要的特性是对过拟合的相对（不是完全）免疫性"。另外，Breiman [Breiman (2000)]提出"AdaBoost 算法的一个关键性能是它几乎从不会对数据产生过拟合，无论算法运行多少代"。但是在高噪声数据中，过拟合仍会发生。

Boosting 算法的一个重要的缺点是它难以被解释。算法所获得的集成可解释性都比较差，因为用户需要得到多个分类器，而不是一个分类器。尽管存在上面的缺点，Breiman [Breiman (1996a)]仍然认为 Boosting 算法的思想是 20 世纪 90 年代分类器设计领域最显著的成果。

Sun 等人[Sun, et al. (2006)]研究了一种策略来惩罚学习过程中的数据分布偏离，以防止几个最难分的样本对决策边界造成破坏。基于 Kullback-Leibler 散度和 L2 范数，他们应用两个光滑的凸惩罚函数推导出了两个新的算法：AdaBoostKL 算法和 AdaBoostNorm2 算法。这两个 AdaBoost 算法的变体算法在噪声数据中获得了较好的性能。

诱导算法在实践中成功地应用于许多相对简单和小规模的问题。然而，大多数算法要求将整个数据集装载到主存中。这就需要从大量的数据中进行学习，这种要求会带来大量以前所不了解的问题，如果不加以考虑，就会将有效的模式识别问题转变为不可能完成的任务。管理和分析海量数据集要求特殊的非常昂贵的硬件和软件，这往往迫使我们只处理整个数据的一小部分。

海量数据带来了如下的挑战。

（1）计算复杂性。由于大多数诱导算法的计算复杂度都要比与特征数成线性关系的复杂度还高，所以对这些数据的处理时间就成为一个重要的问题。

（2）由于很难发现正确的分类器而造成差的分类精度。大数据增加了搜索空间的规模，进而增加了诱导器生成过拟合分类器的可能性，而这样的分类器通常是不适用的。

（3）存储问题。在大多数机器学习算法中，在诱导过程开始之前，完整的训练集应该从二级存储器（如磁存储器）读至计算机的主存储器（内存）。由于内存的容量远小于磁盘的容量，这就会带来问题。

Breiman [Breiman (1999)]提出了一个避免在整个数据集上训练的算法，该算法分别在总训练集的一小部分上训练分类器，然后将这些分类器的预测结果再组合起来。由于每个分类器是在一个适度规模的训练集上进行学习的，所以这种方法能够处理大规模的数据集。并且该算法能够产生与整个数据集训练相当的精度。然而，这种算法也存在着缺点，就是在大多数情况下，它需要迭代很多次才能获得与 AdaBoost 算法相当的精度。

一个称为 Ivoting 算法的在线 Boosting 算法，利用训练集中固定大小的连续子集来训练基模型[Breiman(1999)]。对于第一个基分类器，训练示例从训练集中随机选择产生。对于第 k 个基分类器的训练集，Ivoting 算法选择 1/2 由先前集成中基分类器正确分类的示例组成，另外 1/2 由误分类的示例组成。Ivoting 算法是 Boosting 算法的一个改进算法，几乎不受噪声和过拟合的影响。另外，由于它不需要对基分类器进行加权，正如 Chawla 等人的文献[Chawla, et al. (2004)]中所展示的，Ivoting 算法可用于并行模式。

Merler 等人[Merler, et al. (2007)]提出了 P-AdaBoost 算法，该算法是 AdaBoost 算法的分布式版本。P-AdaBoost 算法分为两个阶段，不需要对示例的权值进行顺序更新。第一个阶段即是 AdaBoost 算法有限迭代次数的标准形式；第二个阶段利用第一个阶段估计出的权值对分类器以并行的方式进行训练。P-AdaBoost 算法可产生一个对标准 AdaBoost 算法模型的逼近算法，并且可以很容易并有效地分布于网络的各计算节点。

Zhang 和 Zhang[Zhang, Zhang (2008)]提出一个新的 AdaBoost 算法的重采样 Boosting 算法。在这个局部 Boosting 算法中，首先计算每个训练示例的局部误差，并用于更新该示例在下一次迭代中被选择的概率。在 AdaBoost 算法的每次迭代后，都要计算所有示例的全局误差度量。这样，噪声示例就会影响全局误差度量，即便大多数示例可以正确分类。局部 Boosting 算法通过检查每次迭代中的每个示例解决这一问题，并对每个示例打分，以衡量其在对新示例分类中所起的作用。训练集中的每个示例都有一个局部权值，以控制其在下一次迭代中被选择的概率。首先将误分示例与其近似的示例进行对比，而不是自动增加误分示例的权值（如 AdaBoost 算法那样）。如果这些类似的示例被正确分类，则此误分示例很有可能是噪声，不会对学习过程产生贡献，因此它的权值会减小。与 AdaBoost 算法一样，如果一个示例被正确分类，它的权值就被增加。对一个新示例的分类基于其与每个训练示例的相似度。局部 Boosting 算法相较于其他集成方法的优点表现如下：

（1）算法解决了噪声示例的问题。实验表明局部 Boosting 算法比 AdaBoost 算法对于噪声更加鲁棒。

（2）就精度而言，LocalBoost 算法总体上要优于 AdaBoost 算法，并且当噪声水平不高时，LocalBoost 算法也要优于 Bagging 算法和随机森林算法。

与其他集成方法相比，局部 Boosting 算法的缺点如下：

（1）当噪声数据比较大时，LocalBoost 算法的性能有时比 Bagging 算法和随机森林算法要差。

（2）存储每个示例的数据增加了存储复杂度；这可能会将该算法限定在有限的训练集。

AdaBoost.M1 算法确保了训练误差上界的指数下降，前提是基分类器的误差要小于 50%。对于多类分类任务而言，这一条件对于决策 Stump 之类的弱分类器来说限制性太强。为了使 AdaBoost.M1 算法适用于弱分类器，BoostMA 算法用一个不同的函数对分类器加权[Freund (1995)]。特别是，当误差小于默认分类误差时，改进函数就会变成正值。在 AdaBoost.M2 算法中，如果误差超过 50% 则权值是增加的，与之相反，在 BoostMA 算法中，当分类器对示例的分类结果比默认分类（把每个示例分类到最频繁的类别）差时，这些示例的权值才会增加。另外，在 BoostMA 算法中，基分类器最小化置信率误差，而不是伪损失率误差（pseudo-loss / error-rate，在 AdaBoost.M2 算法和 AdaBoost.M1 算法中用到），这利于其用于现存的基分类器。

AdaBoost-r 是 AdaBoost 的一个变体，它不仅用考虑最弱的分类器，而且用最弱的 r 个弱分类器（r 是算法的一个参数）。如果弱分类器是决策 Stump 分类器，r 个分类器的联合就是一个决策树。AdaBoost-r 的主要缺点是只有当分类方法不产生一个强的个体分类器时，它才会有用。

图 2.19 给出了 AdaBoost-r 的伪码示意图。第 1 行是对示例的一个初始化分布，使得所有权值的和为 1，并且所有的示例都具有同样的权值。第 3 行按照参数 T 完成大量的迭代。第 4～8 行定义了基分类器的训练子集 S'。接着要决定是否需要进行重采样或再加权。如果需要重采样，就按照分布 D_t 完成训练集的重采样。重采样集 S' 与 S 的大小相同。然而，S' 中的示例是从 S 中按照分布 D_t 重复选择出来的。否则（如果选择再加权）就将整个原始数据集 S 当作 S'。在第 9 行，我们利用基诱导器 I 在 S' 上训练基分类器 M_t，同时将分布 D_t 的值用作示例权值。第 10 行是与标准 AdaBoost 相比最大的变化。原始数据集 S 中的每个示例都用基分类器 M_t 进行分类。最新的分类结果保存在最近产生的 R 个分类结果序列中。由于处理的是二分类问题，类别可以表示为一个单位数（0 或 1）。因此这个序列可以存储为一个二元序列，其中最过的分类被附加为最不显著的位，这也是基分类器被联合的方法（通过分类序列）。这个序列也可以当作一个二元数，用于表示示例所属的联合分类器 M_t^r 的一个叶节点。每个叶节点有两个勺斗（每个代表一个子类）。当一个示例被分配给某个叶节点时，它的权值加至勺斗上，表示真实的类。之后，M_t^r 中每个叶节点的最终类别由最重的勺斗决定。联合分类器不需要明确的存储，因为它由基分类器 $M_t, M_{t-1}, \cdots, M_{\max(t-r,1)}$ 和叶节点的最终类来表示。在第 11 行，M_t^r 关于原始数据集 S 的误差 ε_t 由联合分类器误分的所有示例的权值之和计算，并除以 S 中所有

示例的权值的和。在第 12 行，检查是否误差超过 0.5，如果超过则说明最新的联合分类器甚至比随机分类更差，如果误差为 0 则说明联合分类器过似合。如果应用了重采样策略并且误差为 0，说明重采样失败了，建议重新回到重采样部分（第 8 行）并重试（直到达到重试的次数，如 10 次）。第 15 行是在误差低于 0.5 时才执行，因此可定义 α_t 等于 $\frac{1-\varepsilon_t}{\varepsilon_t}$。在第 16～20 行，对 S 中所有的示例重复迭代以上过程，并为下一次的迭代更新权值。如果联合分类器误分了示例，其权值乘以 α_t。在第 21 行，权值更新之后，对其进行归一化使得 D_{t+1} 满足分布（所有的权值和为 1）。到此迭代结束并为下一次迭代做好了准备。

AdaBoost-r 算法
已知：I 为基诱导器；T 为迭代次数；S 为原始训练集；
ρ 为是否进行重采样或再加权；r 为再利用水平；
1：初始化：$D_1(X_i)=\frac{1}{m}$ for all $i's$；
2：$T=1$；
3: **repeat**；
4: **if** ρ **then**；
5：$S'=\text{resample}(S,D_t)$；
6: **else**；
7：$S'=S$；
8: **end if**；
9：在 S 上利用 I 训练基分类器 M_t，S 中示例的权值按照分布 D_t 赋值；
10：将分类器 $M_t, M_{t-1}, \cdots, M_{\max(t-r,1)}$ 进行联合，来构建 M_t^r；
11：计算联合分类器 M_t^r 在 S 上的误差 ε_t；
12: if $\varepsilon_t \geqslant 0.5$ or $\varepsilon_t = 0$ then；
13: End；
14: **end if**；
15：$\alpha_t=\frac{1-\varepsilon_t}{\varepsilon_t}$；
16: **for** $i=1$ to m **do**；
17: **if** $M_t^r(X_i)\neq Y_i$ **then**；
18：$D_{t+1}(X_i)=D_t(X_i)\alpha_t$；
19: **end if**；
20: **end for**；
21：对 D_{t+1} 进行归一化；
22：$t \leftarrow t+1$；
23: **until** $t>T$。

图 2.19　AdaBoost-r 算法

在对一个示例进行分类时，将其遍历整个联合分类器，其中的每一个个体分类器都对此示例返回分类结果-1 或者 1。然后对类别标识乘以 $\lg(\alpha_t)$，即在 t 次迭代中配置给分类器的权值，并且增加到一个全局的和。如果这个和是正的，就返回类别“1”；如果是负的，就返回类别“-1”；如果为0，返回的类别就是随机的。这个和也可看作是每个类的所有分类器权值的和，并且返回的类别就是具有最大和值的类别。由于并没有明确地存储联合分类器 M_t^r，所以利用相关的基分类器对示例进行分类以获取其类别，并且把由 $M_t, M_{t-1}, \cdots, M_{\max(t-r,1)}(x)$ 得到的二元类别序列当作联合分类器的一个叶节点的索引，最后将叶节点的最终的类别作为 M_t^r 的分类结果。

AdaBoost.M1 算法存在一个问题，它的基分类器要求是弱分类器，即每个基分类器的预测性能不能高于一个随机猜测的结果。

AdaBoost.M1W 算法是 AdaBoost.M1 算法的一个改进的版本，以提高其精度[Eibl, Pfeiffer, 2002]。新算法仅对 AdaBoost.M1 算法的伪代码中的一行进行了改进，即是对基分类器的新的权值定义为

$$\alpha_t = \ln\left(\frac{\left(\left|\mathrm{dom}(y)\right|-1\right)\left(1-\varepsilon_t\right)}{\varepsilon_t}\right) \tag{2.5}$$

式中：ε_t 为原始 AdaBoost.M1 算法中定义的误差估计；$\left|\mathrm{dom}(y)\right|$ 为类别的数目。当设置 $\left|\mathrm{dom}(y)\right| = 2$ 时，式（2.5）其实就是 AdaBoost.M1 算法的一个泛化版本。

2.9.1.4 递增块学习

在此方法中，一次迭代产生的分类结果被当作学习算法在后续迭代中的“先验知识”。学习算法利用当前训练集和先前分类器的分类结果来共同构建下一个分类器。最后一次迭代所构建的分类器就被作为最终的分类器。

2.9.2 独立方法

在此方法中，原始数据集被划分为数个子集，再从中产生多个分类器。图 2.20 给出了独立集成方法的示意图。从原始数据集中产生的子集有可能是相邻的（互斥的），也可能是互相重叠的。然后应用一个联合的过程来对一个给定的示例产生一个单一的分类结果。由于各分类器通常是由相互独立的诱导算法产生的，所以对每一个数据子集可以应用不同的诱导器。另外，这种算法可以很容易地并行化。这些独立的方法的目的或者是提升分类器的预测能力，或者是减少总的执行时间。以下的章节描述了几个应用这种方法推导的算法。

2.9.2.1 Bagging 算法

最有名的独立算法是 Bagging 算法[Breiman (1996a)]。此算法通过一个改进的合成分类器来提升精度，并对学习分类器的各输出结果进行联合来得到一个单一的预测结果。每个分类器的训练子集从原始数据中通过替换策略产生。每个训练子集的大小与原始数据集相同。由于应用替换策略，有些示例可能出现在多个训练子集中，有些示例可能一次也不被选择。

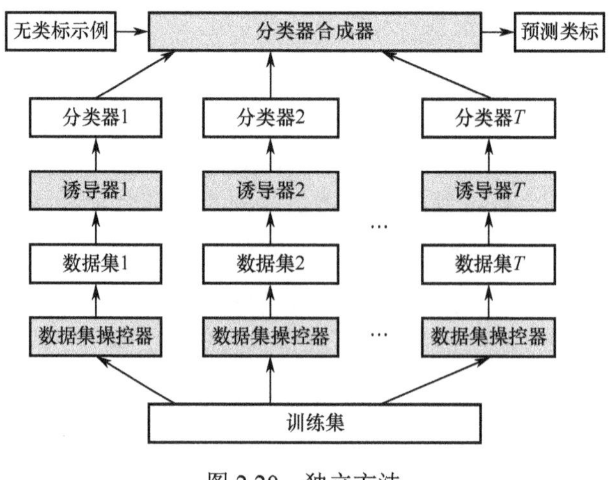

图 2.20　独立方法

如果训练子集彼此互不相同，从统计学的观点来说，它们是互不独立的。对一个新的待分示例，每个分类器对其得到一个类别预测。Bagging 算法分类器在合成阶段，以预测次数最多者作为最终的类别（投票方法）。Bagging 算法产生的合成模型通常要优于从原始数据集构建的单一模型。Breiman 算法[Breiman (1996a)]指出这一结论尤其是对于非稳定诱导器是成立的，因为 Bagging 算法能够排除它们的不稳定性。在下面的章节中，如果对训练集施加扰动会显著地改变所构建的分类器就认为此诱导器是不稳定的。

与 Boosting 算法类似，Bagging 算法也是通过产生不同的分类器，并且联合多个模型来提高分类精度。这两种方法都用一个投票的方法来将同型的不同分类器的输出结果进行联合，来产生分类结果。与 Bagging 算法不同，Boosting 算法中的每个个体分类器受先前构造的分类器的性能所影响。新的个体分类器会对先前构造的分类器错分的那些样本给予更多的关注，并会考虑先前的分类器的性能。在 Bagging 算法中，每个示例是用相同的概率来选择的，而对于 Boosting 算法，示例是由与其权值成比例的概率来选择的。另外，正如 Quinlan 的文献[Quinlan, (1996)]所指出的，Bagging 算法要求学习系统是不稳定的，而 Boosting 算法只是不排除使用不稳定的系统，并假设每个分类器的误分率低于 0.5。

2.9.2.2　Wagging 算法

Wagging 算法是 Bagging 算法的一个改进版本，其中每个个体分类器都是用整个原始训练集进行训练，只是每个示例被随机赋予一个权值[Bauer, Kohavi (1999)]。图 2.21 给出了 Wagging 算法的伪码。

事实上，如果权值服从泊松分布（每个示例以离散时刻数的采样表示），Bagging 算法可被看作是 Wagging 算法。也可以使权值服从指数分布，因为指数分布是泊松分布的连续取值的形式[Webb (2000)]。

已知：I 为诱导器；T 为迭代次数；S 为原始训练集；d 为权值分布。
待求：$M_t; t=1,2,\cdots,T$；
1: $t \leftarrow 1$；
2: **repeat**;
3: $S_t \leftarrow S$，并赋予随机的权值，权值服从 d 分布；
4: 在 S_t 上利用 I 构建基分类器 M_t；
5: $t++$；
6: **until** $t>T$。

图 2.21 Wagging 算法

2.9.2.3 随机森林和随机子空间映射

随机森林集成算法[Breiman (2001)]利用了大量的个体分类器，即非裁剪的决策树。个体决策树用如图 2.22 中所示的一个简单的算法来构造。图 2.22 中的 IDT 表示任一从上至下的决策树诱导算法[Rokach, Maimon(2001)]，并对其作了如下的改进：决策树不对节点进行删剪，而是对所有特征选择最好的分支，诱导器随机采样 N 个特征，并从中选择最好的分支。一个待分示例的类别通过多数投票法来决定。

已知：IDT 为决策树诱导器；T 为迭代次数；S 为原始训练集；
μ 为子采样大小；N 为每个节点的特征数；
待求：$M_t; t=1,2,\cdots,T$；
1: $t \leftarrow 1$；
2: **repeat**;
3: $S_t \leftarrow$ 应用替代策略从 S 中采样 μ 个示例；
4: 在 S_t 上利用 $\mathrm{IDT}(N)$ 构建基分类器 M_t；
5: $t++$；
6: **until** $t>T$。

图 2.22 随机森林算法

起初，随机森林算法仅用于构造决策树，并不适用于所有类型的分类器，因为在树的每个节点，它都需要提取出一个不同的特征子集。然而，随机森林算法的主要步骤可以很容易地被广泛应用的“随机子空间方法”所替代[Ho (1998)]，这一策略可以应用于许多其他的诱导器，如最近邻分类器[Ho (1998)]或者线性判别器[Skurichina, Duin (2002)]。

随机森林算法的一个最重要的优点是，它可以处理非常高维特征的输入数据 [Skurichina, Duin(2002)]，另一个优点是其速度很快。

还有一些其他的方法可以获得随机森林。例如，不需要用整个原始数据集决定每个特征最好的分支点，只需原始数据集的一个子集即可[Kamath, Cantu-Paz (2001)]。子集随特征而改变。优化分划标准的特征和分划值被作为该节点的决策。由于一个节点的分划很容易随着所选择的样本而改变，因此该算法可产生不同的树，这就便于应用于集成算法中了。

Kamath 等人的文献[Kamath, et al. (2002)]提出了另一种利用直方图来产生随机化决策树的方法。很久以前直方图就用于对特征进行离散化，以便对非常大的数据集进行处理时减少时间消耗。通常，对每个特征创建一个直方图，并且柱的边界被当作潜在的分划点。这一过程的随机性体现在，在最好的柱的边界周围的一个区间内随机地选择分划点。

通过一个扩展的模拟研究，Archer 和 Kimes [Archer, Kimes (2008)]考查了在大量的候选预测器中确定最终的预测器时，随机森林可变的重要性度量的有效性。他们认为随机森林技术在要求精度高，同时还需对每个特征的判别力进行考查的领域中（如微阵列研究）是非常有用的。

2.9.2.4 非线性 Boosting 算法投影（NLBP）

非线性 Boosting 算法投影（NLBP）将 Boosting 算法和子空间方法进行联合，其内容如下[Garcia-Pddrajas, et al. (2007)]：

（1）每个分类器都将整个数据集用于学习，所有示例都具有相同的权值，所以不用如 Boosting 算法那样对那些误分示例给予更多的关注。

（2）每个分类器用一个各不相同的非线性映射将原始数据映射到一个同维空间。

（3）非线性映射是基于一个多层感知器神经网络的隐层来实现的。

（4）基于 Boosting 算法的基本原理，构建每个非线性映射的目的是使算法更易于处理难分示例。

图 2.23 给出了 NLBP 的伪码。在第 1～2 行，将原始数据集 S 转换为一个标准数据集，用于多层感知器的学习 S'。标准化包括将语义特征转换为二元特征（一个二元特征代表一个语义特征），并对所有数值（和二元）特征归一化到 $[-1,1]$。在第 3 行利用基诱导器 I 和转换数据集 S'，构建第一个分类器 M_0。在第 4～14 行，构建剩余的 $T-1$ 个分类器。

每个迭代都包括以下步骤。在第 5～9 行用先前的分类器对 S' 中的每个示例进行分类。将不能正确分类的示例存储到 S'' 中。在第 10～11 行，利用 S'' 训练一个多层感知器神经网络。神经网络的隐层神经元的数目与 S'' 中的输入特征的数目相同。神经网络训练之后，可得到隐层神经元的输入权值，并将其以一个数据结构附带迭代索引（映射阵列）形式存储下来。在第 13 行，利用转换映射数据集 S''' 和基诱导器 I 构建当前分类器。在第 15～16 行对示例进行转换（语义转换为二元的并对特征进行归一化）。最终的分类应用简单的多数投票策略。

与其他集成方法相比，NLBP 算法的优点体现在以下几个方面：

（1）通过大量的实验对比显示，在应用不同的基分类时，与流行的集成方法（Bagging 算法，AdaBoost 算法，LogitBoost 算法，Arc-x4 算法）相比，NLBP

算法都可得到更好的分类结果。

```
NLBP-构建集成
已知：I 为诱导器；T 为迭代次数；S 为原始训练集。
1:  S* = A 将语义特征转换为二元特征；
2:  S' = A 特征归一化；
3:  M_1 = I(S')；
4: for  t = 2  to  T do;
5:      S'' = φ；
6:      for each  x_j ∈ S' do;
7:          if  M_{t-1}(x_j) ≠ y_j then;
8:              S'' = S'' ∪ {X_j}；
9:          end if;
10:     end for;
11: 利用 S'' 和应用 H 的隐层得到的映射 P(X) 训练网络 H；
12: ProjectionArray[t] = P；
13: S''' = P(S')；
14: M_t = I(S''')；
15: end for。
```

图 2.23　NLBP-构建集成

（2）通过对 Bagging 算法、Boosting 算法和 NLBP 算法的分析显示。Bagging 算法能够获得多样性，但是没有 Boosting 算法的程度高。另外，Boosting 算法在多样性方面的改进对于退化精度有副作用。NLBP 算法在多样性方面位于这两个算法之间。它能够获得多样性，但程度比 Boosting 算法低，但是不像 Boosting 算法那样破坏精度。NLBP 在噪声问题中的性能要好于 Boosting 算法。

与其他集成方法相比，NLBP 的缺点存在于以下几个方面。

（1）NLBP 在每次迭代中都附加了一个神经网络的训练，这增加了算法的计算复杂度。

（2）利用神经网络完成映射有可能会增加问题的维数。每个语义特征被转换为一组二元特征。

（3）用该方法构建分类器利用的数据集与原始数据不同。鉴于这些新的特征丢失了原始数据的含义，所以很难从原始数据领域的角度来理解此构建模型的意义。

2.9.2.5　交叉验证委员会

此程序将训练集划分为 k 个同等大小的子集，然后用整个训练集除去第 k 个子集的部分轮流训练并创建 k 个分类器。Gams [Gams (1989)]第一个应用了这种方法，他把子集划分为 1/10 的大小。Parmanto 等人[Parmanto, et al. (1996)]也将这种思想用于创建一个神经网络的集成。Domingos [Domingos (1996)]利用交叉验证委员会来加速他提出的规则诱导算法 RISE 算法，RISE 算法的复杂度为 $O(n^2)$，因此并不适用于大的数据集。在此算法中，通过预先确定能够立刻应用的一个最大数目的样本来进行划分。整个训练集被随机划分为近似同等大小的子集。然后 RISE 算法分别在每个子集上进行训练。从分划 p 中的样本训练得到的规则子集在分划 $p+1$ 中的样本上进行测试，以减小过拟合并提高精度。

2.9.2.6 鲁棒 Boosting 算法

一个鲁棒分类器的预测性能应该对训练数据的变化不敏感。Freund [Freund (1995)]提出了一个简单的 Boosting 算法的鲁棒版本，称为多数提升（Boost by Majority，BBM）算法。在 BBM 算法中，迭代次数由用户给出的两个参数提前确定，即目标精度和误差边界，这样做的目的是确保诱导算法产生的分类器的误差总是小于误差边界。BBM 算法的主要思想是对具有大的负边界的示例赋予一个小的权值。从直觉上来看，此算法忽略那些当 Boosting 算法程序终止时不太可能正确分类的示例。与 AdaBoost 算法相反，BBM 算法配置基分类器的权值时不考虑其精度。因此，BBM 算法的缺点是缺乏自适应性。另一方面，AdaBoost 算法对噪声比较敏感。特别是，当在训练集中加入随机噪声时，AdaBoost 算法的精度会显著下降。

为了克服以上缺点，Freund [Freund (2001)]提出了一个 BBM 算法的自适应版本 BrownBoost 算法，其与具有较大误分率的基分类器相比，具有较小误分率的分类器被赋予一个较大的权值。BrownBoost 算法中有一个随着迭代次数而增加的时间变量 t。图 2.24 给出了 BrownBoost 算法的伪码。

```
BrownBoost 算法
Require: I 为基诱导器；S 为原始训练集；T 为迭代次数；
1: 设置初始权值 w_i = 1/N；
2: 设置 F(x) = 0；
3: for t = 1 to T do;
4:     通过 Z_i 的最小二乘加权回归来调整函数 f_t，用以逼近带有权值 w_i 的 x_i；
5:     设置 F(x) = F(x) + f_t(x)；
6:     设置 w_i ← w_i e^{-y_i f_t(x_i)}；
7: end for。
```

图 2.24 BrownBoost 算法

最近，Freund [Freund (2009)]提出了一个 BrownBoost 算法的更新版本，称为 RobustBoost 算法。此算法主要的改进是并不最小化训练误差，而是要使归一化边界小于某个值 $\theta>0$ 的样本的数目最小化。

$$\frac{1}{N}\sum_{i=1}^{N}1\left[\bar{m}(x_i,y_i)\leqslant\theta\right] \tag{2.6}$$

式中：$\bar{m}(x,y)$ 为归一个边界，其定义为

$$\bar{m}(x,y)=\frac{y\cdot\operatorname{sign}\left(\sum_i \alpha_i C_i(x)\right)}{\sum_i |\alpha_i|} \tag{2.7}$$

Friedman 等人[Friedman (2000)指出 AdaBoost 算法是通过优化一个指数标准逼近一个逐步加性逻辑回归模型。基于这种观察，Friedman 等人[Friedman, et al. (2000)]提出了一个 AdaBoost 算法的变体，称为 Logitboost 算法，该算法可直接用于加性模型。由于该算法利用类牛顿步骤来优化二项式对数似然标准，所以它在容忍噪声方面要显著的好于 AdaBoost 算法。尽管具有如上的优点，但是 Mease 和 Wyner[Mease, Wyner (2008)]指出当贝叶斯误差不为 0 时，LogitBoost 算法往往产生过拟合，而 AdaBoost 算法则可避免过拟合。事实上 Mease 和 Wyner 鼓励读者去尝试网页 http://www.davemease.com/contraryevidence 提供的模拟模型。其他近似的相关算法包括 log-loss Boost 算法[Collins, et al. (2002)]和 MAdaboost 算法[Domingo, Watanabe (2000)]。LogitBoost 算法的伪码如图 9.6 所示。

Zhang 的 Boosting [Zhang, et al.(2009)]算法是一个 AdaBoost 算法的变体，主要作了以下改变。（1）在对弱分类的训练时，每次迭代并不用整个数据集，而仅用原始数据集的一个子集。（2）采样分布是不同的，以克服 AdaBoost 对噪声的敏感性。特别是，在 AdaBoost 算法的再加权策略中引入一个参数来更新训练样本时所配置的概率。这些改进可获得更好的预测精度，具有更快的执行速度，以及对分类噪声更加鲁棒。图 2.25 给出了 Boosting 算法的伪码。采样过

Boosting 算法

已知：I 为基诱导器；T 为迭代次数；S 为原始训练集)；f 为采样参数；β 为正参数；

1: 初始化：设置 S 上的概率分布 $D_1(i)=1/N(i=1,2,\cdots,N)$；

2: **for** $t=1,\cdots,T$ **do**；

3: 按照分布 D_t，利用替换策略从 S 中提取 $\bar{N}=[f\cdot N](f\leqslant 1)$ 个样本，组成新的训练集 $S_t=\left\{\left(x_i^{(t)},y_i^{(t)}\right)\right\}_{i=1}^{\bar{N}}$，其中 $[A]$ 表示小于 A 的最大整数；

4: 对 S_t 应用 I 来训练一个弱分类器 $h_t:X\rightarrow\{-1,+1\}$，并按照 $\varepsilon_t=\sum_{i.h_t(x_I)}^{N} D_t(i)$ 计算 h_t 的误差；

5: **if** $\varepsilon i_t>0.5$ **then**；

6: 设置 $T=t-1$，并退出循环；

7: **end if**；

8: 选择 $\alpha_t=\frac{1}{2}\ln\left(\frac{1-\varepsilon_t}{\varepsilon_t}\right)$；

9: 按照下式更新 S 上的分布，即

$$D_{t+1}(i)=\frac{D_t(i)}{Z_t}\times\begin{cases}e^{-\alpha_t/\beta,\ if\ h_t(x_i)=y_i}\\ e^{\alpha_t/\beta,\ if\ h_t(x_i)\neq y_i}\end{cases}=\frac{D_t(i)\exp\left(\left(-\frac{\alpha_t}{\beta}\right)y_i h_t(x_i)\right)}{Z_t}$$

式中：Z_t 为归一化因子（使得 D_{t+1} 是 S 上的一个分布）；

10: **end for**。

图 2.25 Zhang 的 Boosting 算法

程引入了随机性。利用参数 f，可控制用于训练弱分类器的数据的总数。参数 β 用于减缓 AdaBoost 算法中存在的问题，即在后续的迭代中越来越大的权值被配置给噪声数据。因此，非精确预测样本的权值的增量要小于 AdaBoost 算法。

2.10 用于复杂分类任务的集成方法

2.10.1 代价敏感的分类

AdaBoost 算法对待各个子类并不加以区别。因此，大的子类的误分与小的子类的误分是同等对待的。然而，在某种情况下，更希望增加小的子类误分的权值。例如，在直销的应用中，公司对估计用户的兴趣点很关注。然而，正的响应率通常是比较低的。例如，一个响应率为 2 的邮政销售的权值更新为

$$D^{t+1}(i)=\frac{D^{t}(i)\sqrt{\dfrac{\sum_{[i,M_t(x_i)\neq y_i]}\delta\cdot W_i}{\sum_{[i,M_t(x_i)=y_i]}\delta\cdot W_i}}}{Z_t} \tag{2.8}$$

对于不成功的分类，分布更新改为

$$D^{t+1}(i)=\frac{D^{t}(i)\Big/\sqrt{\dfrac{\sum_{[i,M_t(x_i)\neq y_i]}\delta\cdot W_i}{\sum_{[i,M_t(x_i)=y_i]}\delta\cdot W_i}}}{Z_t} \tag{2.9}$$

式中：Z_t 为归一化因子。

Fan 等人[Fan et al. (1999)]提出了 AdaCost 算法。该算法的目的是改进各种 AdaBoost 算法固定和可变的误分代价。算法引入了一个代价可调函数，并整合进权值更新规则。除了给代价高的示例配置高的初始化权值，权值更新规则还把代价考虑进来，并增加代价高的误分示例的权值。图 2.26 给出了 AdaCost 算法的伪码。其中 $\beta(i)=\beta\left(\text{sign}\left(y_i h_t(x_i)\right),c_i\right)$ 为一个代价可调的函数。Z_t 为一个选择的归一化因子，使得 D_{t+1} 是一个分布。最终的分类为：$H(x)=\text{sign}\left(f(x)\right)$，式中 $f(x)=\left(\sum_{t=1}^{T}\alpha_t h_t(x)\right)$。

2.10.2 用于概念漂移学习的集成

概念漂移是一个在线的学习任务，其中概念随着时间发生改变或漂移。更确切地说，当类别分布随着时间改变时，就会发生概念漂移。

AdaCost 算法

已知：I 为基诱导器；T 为迭代次数；$S=\{(x_1,c_1,y_1),\cdots,(x_m,c_m,y_m)\}$，

$x_i \in \chi$；$c_i \in \mathrm{R}^+$；$y_i \in \{-1,+1\}$；

1：初始化 $D_1(i)=c_i \big/ \sum_j^m c_j$；

2: **repeat**;

3:　用分布训练弱诱导器 D_t；

4:　计算弱分类器 $h_t:\chi \to \mathbb{R}$;

5:　选择 $\alpha_t \in \mathbb{R}$ 并且 $\beta(i) \in \mathbb{R}^+$；

6:　更新 $D_{t+1}(i)=\dfrac{D_t(i)\exp(-\alpha_t y_i h_t(x_i)\beta(i))}{Z_t}$；

7:　$t \leftarrow t+1$；

8: **until** $t>T$。

图 2.26　AdaCost 算法

概念漂移存在于许多应用领域，包括人类的行为模型，如推荐系统。Kolter 和 Maloof [Kolter, Maloof (2007)]提出了一个算法试图解决这个问题，该算法提出了一个集成方法用于概念漂移，即按照其性能的变化动态地产生并移除加权的专家。所提出的方法也称为动态加权多数法（DWM），是加权多数算法（MWA）的一个扩展，但是它增加响应全局性能的基学习器，移除响应局部性能的基学习器。作为一个结果，DWM 算法比其他算法能够更好地响应非静态环境，尤其是那些依赖非加权学习器的集成算法（如 SEA 算法）。DWM 算法主要的不足是与 AdaBoost 算法相比，在运行时间上性能比较差。

2.10.3　拒绝驱动分类

拒绝驱动分类[Frelicot, Mascarilla (2001)]是一种分类方法，该方法允许在误分和模糊（对一个示例配置多个类别）之间存在着一个平衡。特别是，该算法提出应用信念理论方法来合成多个拒绝驱动分类器。该算法通过 Dempster-Shafer 理论调整拒绝驱动分类器的结果。对于每个分类器，通过计算一个基本概率配置（BPA）对未知示例进行分类。

该算法主要的优点是可能控制模糊和拒绝之间的平衡。我们能够决定（通过一个合适的阈值）是否将一个未知的示例分到某个子类中（也许是误分的），或是给其赋予一个模糊的分类。该算法主要的缺点是不能处理多类数据，因为计算 BPA 需要计算任何类别对的概率。

第3章　集成分类

集成分类是指用集成的分类器对未知示例提供一个统一的分类结果的过程。对新示例存在着两种主要的分类方法。在第一种方法中，多个分类器的结果在分类阶段以某种形式进行融合。而在第二种方法中，按照某个标准选择其中一个分类器的结果作为最终的分类。

3.1　融合方法

融合方法专注于对多个分类器的输出进行联合来获得分类结果。假定每个分类器i的输出为一个长度为k的向量$\boldsymbol{p}_{i,1},\boldsymbol{p}_{i,2},\cdots,\boldsymbol{p}_{i,k}$。值$p_{i,j}$表示由分类器$i$进行分类的，示例$x$属于类$j$的情况。为简单化起见，假设$\sum_{j=1}^{k} p_{i,j}=1$。如果我们处理一个清晰的分类器$i$，这种分类器明确地将示例$x$分为某个类$j$，那么仍然需要将类别标识转换为长度为$k$的向量$\boldsymbol{p}_{i,1},\boldsymbol{p}_{i,2},\cdots,\boldsymbol{p}_{i,k}$，其中$\boldsymbol{p}_{i,l}=1$并且$p_{i,j}=0\forall j\neq l$

融合方法可以进一步分为加权方法和后学习方法，下面的章节就对这两种技术作一详细的介绍。

3.1.1　加权方法

这种方法将所有的基分类器通过其各自的权值进行合成。成员的权值体现它对最终分类结果的影响。所配置的权值可以是固定的，也可以是在示例分类过程中动态确定的。

加权方法最适用于所有个体分类器都完成同样的任务的情况，并且取得了不错的效果，或者当想要避免更多的学习时（如过拟合或训练时间过长），这种方法也比较适用。

3.1.2　多数投票法

在这种联合策略中，一个待分示例按照其获得的最高投票来确定其类别标识（投票数最多的类别），这种方法也称为多数投票法（PV）或基本集成方法

（BEM）。此方法频繁地用于新方法的合成。

例如，给定一个包含 10 个分类器的集成，来对某个示例 x 分类，共有 3 个类别：A，B 和 C。表 3.1 给出了分类向量以及每个分类器对示例 x 的投票情况。基于以上结果，可得到投票列表，如表 3.1 最后一列及表 3.2 所列，从中可以看出示例 x 的多数投票结果为类别 B。

表 3.1　多数投票结果：分类器的输出

分类器	A 类评价	B 类评价	C 类评价	选择的类别
1	0.2	0.7	0.1	B
2	0.1	0.1	0.8	C
3	0.2	0.3	0.5	C
4	0.1	0.8	0.1	B
5	0.2	0.6	0.2	B
6	0.6	0.3	0.1	A
7	0.25	0.65	0.1	B
8	0.2	0.7	0.1	B
9	0.2	0.2	0.8	C
10	0.4	0.3	0.3	A

表 3.2　多数投票情况

类别	类别 A	类别 B	类别 C
票数	2	5	3

以数学语言表示多数投票结果可写为

$$\text{Class}(x) = \underset{c_i \in \text{dom}(y)}{\arg\max} \left(\sum_k g\left(y_k(x), c_i\right) \right) \tag{3.1}$$

式中：$y_k(x)$ 为第 k 个分类器的分类结果；$g(y,c)$ 为一个判别函数，其定义为

$$g(y,c) = \begin{cases} 1, & y = c \\ 0, & y \neq c \end{cases} \tag{3.2}$$

如果是一个概率分类器，通过按照下式来获得清晰分类结果，即

$$y_k(x) = \underset{c_i \in \text{dom}(y)}{\arg\max} \hat{P}_{M_k}\left(y = c_i \mid x\right) \tag{3.3}$$

式中：M_k 为分类器 k；$\hat{P}_{M_k}\left(y = c \mid x\right)$ 为对于示例 x，y 获得值 c 的概率。

3.1.3 性能加权法

每个分类器的权值可按照在一个验证集上获得的精度的比例设置[Opitz, Shavlik (1996)]，即

$$w_i = \frac{(\alpha_i)}{\sum_{j=1}^{T}(\alpha_j)} \tag{3.4}$$

式中：α_i为分类器i在一个验证集上的性能评价（如精度）。

一旦每个分类器的权计算好以后，可选择收到最高性能评价值的类作为最终的类别标识，即

$$\text{Class}(x) = \underset{c_i \in \text{dom}(y)}{\arg\max} \sum_k \alpha_i g(y_k(x), c_i) \tag{3.5}$$

由于权值被归一化了，并且其和为 1，所以可以将式（3.5）中的求和部分解释为x_i被分为类别c_j的概率。

Moreno-Seco 等人[Moreno-Seco (2006)]研究了几个变体权值方法的性能，这些方法包括：

（1）再缩放加权投票法。其思想是按给定比率N/M对权值成比例调整，即

$$\alpha_k = \max\left\{1 - \frac{M \cdot e_k}{N \cdot (M-1)}, 0\right\}$$

式中：e_k为分类器i误分示例的个数。

（2）最好-最差加权投票法。其思想是最好和最差分类器的权值分别赋予 1 和 0。剩余分类器的权值在此区间进行线性化处理，即

$$\alpha_i = 1 - \frac{e_i - \min_i(e_i)}{\max_i(e_i) - \min_i(e_i)}$$

（3）二次最好-最差加权投票法。为了给最高精度的分类器的分类赋予权值，对上面的最好-最差加权投票法获得的值进行平方，即

$$\alpha_i = \left(\frac{\max_i(e_i) - e_i}{\max_i(e_i) - \min_i(e_i)}\right)^2$$

3.1.4 分布求和法

分布求和集成方法的思想是对每个分类器所获得的条件概率进行求和[Clark, Boswell (1991)]。按照向量中最大的值确定类别，用数学语言可表示为

$$\text{Class}(x) = \underset{c_i \in \text{dom}(y)}{\arg\max} \sum_k \hat{P}_{M_k}(y = c_i | x) \tag{3.6}$$

3.1.5 贝叶斯联合法

在贝叶斯联合方法中，每个分类器的权值等于在给定训练集下学习的分类器的后验概率集合[Buntine(1990)]，即

$$\mathrm{Class}(x)=\underset{c_i\in\mathrm{dom}(y)}{\arg\max}\sum_k P(M_k|S)\cdot\hat{P}_{M_k}(y=c_i|x) \tag{3.7}$$

式中：$P(M_k|S)$为在给定训练集下分类器M_k是正确的概率。$P(M_k|S)$的估计取决于分类器的表示形式。决策树的估计可参考 Buntine 的文献[Buntine (1990)]。

3.1.6 Dempster-Shafer 推理法

利用 Dempster-Shafer 证据理论来对分类器进行联合的思想可参考 Shilen 的文献[Shilen (1990)]。此方法提出了基本概率配置的概念，对于给定示例x，以及某一个类别c_i，其定义为

$$\mathrm{bpa}(c_i,x)=1-\prod_k\left(1-\hat{P}_{M_k}(y=c_i|x)\right) \tag{3.8}$$

然后，要确定的类别就为使信念函数的取值最大者，即

$$\mathrm{Bel}(c_i,x)=\frac{1}{A}\cdot\frac{\mathrm{bpa}(c_i,x)}{1-\mathrm{bpa}(c_i,x)} \tag{3.9}$$

式中：A为归一化因子，其定义为

$$A=\sum_{\forall c_i\in\mathrm{dom}(y)}\frac{\mathrm{bpa}(c_i,x)}{1-\mathrm{bpa}(c_i,x)}+1 \tag{3.10}$$

3.1.7 Vogging 方法

Vogging（Variance Optimized Bagging）方法的思想是优化一个基分类器的线性联合，以便在保持预定精度的同时显著地减小方差[Derbeko, et al. (2002)]。为实现此目的，Derbeko 等人应用了 Markowitz 均值-方差组合理论，此理论最初用于得到低方差的财务资产组合。

3.1.8 朴素贝叶斯方法

应用贝叶斯规则，可将朴素贝叶斯的思想进行扩展以用于分类器的联合，即

$$\mathrm{Class}(x)=\underset{\substack{c_j\in\mathrm{dom}(y)\\ \hat{P}(y=c_j)>0}}{\arg\max}\hat{P}(y=c_j)\cdot\prod_{k=1}\frac{\hat{P}_{M_k}(y=c_j|x)}{\hat{P}(y=c_j)} \tag{3.11}$$

3.1.9 熵加权法

该集成方法的思想是对每个分类器赋予一个权值，其值与分类向量的熵成反比，即

$$\mathrm{Class}(x)=\underset{c_i\in\mathrm{dom}(y)}{\arg\max}\sum_{k:c_i=\underset{c_j\in\mathrm{dom}(y)}{\arg\max}\hat{P}_{M_k}(y=c_j|x)}E(M_k,x) \tag{3.12}$$

式中：

$$E(M_k,x)=-\sum_{c_j}\hat{P}_{M_k}(y=c_j|x)\log\left(\hat{P}_{M_k}(y=c_j|x)\right) \tag{3.13}$$

3.1.10 基于密度的加权方法

如果各分类器是用示例空间中不同的部分所得到的数据集来训练的，那么按照分类器 M_k 对 x 的采样概率来对分类器进行加权也许是有效的，即

$$\text{Class}(x)=\underset{c_i\in\text{dom}(y)}{\arg\max}\sum_{k:c_i=\underset{c_j\in\text{dom}(y)}{\arg\max}\hat{P}_{M_k}(y=c_j|x)}\hat{P}_{M_k}(x) \tag{3.14}$$

式中：$\hat{P}_{M_k}(x)$ 的估计取决于分类器的表示形式，并且其估计并不总是可以得到的。

3.1.11 DEA 加权法

有研究者试图利用数据封闭分析（DEA）方法[Charnes, et al. (1978)]对不同的分类器[Sohn, Choi (2001)]赋权值。这些研究者认为不应该只按照单一的性能度量来确定权值，而应该将数个性能度量综合起来加以考虑。由于 DEA 可对不同的性能度量加以平衡，所以可用来获得有效的分类器的集合。另外，DEA 还可对无效的分类器提供基准点数据。

3.1.12 对数评价池法

按照对数评价池[Hansen (2000)]的理论，类别标识可按下式确定，即

$$\text{Class}(x)=\underset{c_j\in\text{dom}(y)}{\arg\max}\ \mathrm{e}^{\sum_k \alpha_k\cdot\log\left(\hat{P}_{M_k}(y=c_j|x)\right)} \tag{3.15}$$

式中：α_k 为第 k 个分类器的权值，其值满足

$$\alpha_k\geqslant 0;\ \sum\alpha_k=1 \tag{3.16}$$

3.1.13 顺序统计法

阶数统计用于对分类器进行联合[Tumer, Ghosh (2000)]。这些联合器提供了一个简单加权联合方法的简化版本以及后联合方法（见后续章节）的通用形式。当分类器在示例空间的某些部分具有显著的变化时，这种方法所具有的鲁棒性是有益的。

3.2 选择性分类

前面提到的集成分类或者是通过对所有成员的输出结果进行融合，或者是

选择一个单个成员的输出作为最终集成的分类结果，这里将对后者进行研究。这种方法的前提是存在一个权威标准来对一个给定的示例指定其最佳的分类器。所选择的分类器的输出就作为整个集成的输出。

通常的做法是将输入空间划分为 K 个任意形状和大小的子空间。然后对于每个子空间，我们确定一个分类器作为预测器。

分类和聚类是数据挖掘领域的两个基本问题。在本质上，分类和聚类的区别在于从数据中提取知识的方式：在分类中，是基于预先定义的类别，以一种有监督的方式提取知识；而在聚类中，不给用户提供任何向导，是以一种非监督的方式来提取知识。

分解可以按照水平（行或组的子集）方式或竖直（特征的子集）方式划分。此节讨论前者，即按组分解。

许多方法用于将数据集按组划分为子集。其中一些是以在对一个数据集时最小化空间和时间为目标；而其他的是以提高精度为目标。所有这些方法可以按照组的划分方式粗略分为以下几种。

（1）基于采样的组分解。通过采样将组划分为不同的子集。这类方法包括采样方法，降低复杂度的同时也降低了精度的分解的一种退化方法[Catlett (1991)]，以及多模型方法。后者可以是序贯的，即将在一次迭代中获得的知识用在后续的迭代中。这类方法包括 Windowing 算法[Quinlan (1983)]，该方法在迭代过程中对采样进行改进，以及 Boosting 算法[Schapire (1990)]，即增加当前分类器误分示例的选择概率，以用于下一个分类器的构造，以便提高分类精度。基于采样的分解方法可同时执行，因此可实现并行化学习。由并行方法产生的分类器可利用许多方法进行联合，包括简单投票法（如 Bagging 算法）、更为复杂的后分类方法，如 Stacking 算法[Wolpert (1992)], Grading 算法[Seewald, Furnkranz (2001)]和判别树[Chan, Stolfo(1993)]等。许多多模型方法也可以提高精度，这种精度的获得源于用同样的算法构造的分类器的变化，或得益于序贯过程。

（2）基于空间的分解。按照组所属于的空间的不同部分将其划分为不同的子集。Kusiak[Kusiak (2000)]提出了“特征值分解”的概念，即按照所选择的输入特征值将目标或示例划分为不同的子集。Kusiak 还提出了“决策值分解”的概念，即按照决策值（或目标特征值）对目标进行划分。Kusiak 并没有给出划分所用特征集的选择方法。实际上，他的工作仅是基于决策过程，而没有提供一个基于空间分解的自动化程序。

模型类选择（MCS）算法是 Brodley 的文献[Brodley (1995a)]提出的一个系统，可对于示例空间的不同区域搜索不同的分类算法。MCS 系统可看作是空间分解策略的具体实现，它利用数据集的特点和专家规则，对于示例空间的每个区域选择 3 个可能的分类方法（决策树方法、判别函数方法或基于示例的方法）

中的一个。专家规则是基于分类器性能的实验对比得来的，可当作是先验知识。

在神经网络领域，多名研究人员对分解方法进行了验证。Nowlan 等人的文献[Nowlan, Hinton (1991)]验证了分解输入空间的专家混合方法，其中每个专家处理空间的一个不同部分。在此方法中子空间允许存在软“边界”，即允许子空间之间存在重叠，最后利用一个门网络来联合不同的专家。Jordan 和 Jacobs 的文献[Jordan, Jacobs (1994)]提出了一个基本专家混合的扩展算法，称为分级专家混合（HME）算法。该算法将输入空间划分为不同的子空间，然后再迭代地将每个子空间划分为更小的子空间。

专家混合算法的各种变体可适用于某些特定领域的问题。Hampshire 和 Waibel 的文献[Hampshire, Waibel (1992)]和 Peng 等人的文献[Peng, et al. (1996)]利用一个专门的模网络（称为 Meta-pi 网络）用于解决说话人元音问题。参考 Ohno Machado Musen 所用的一个用于预测艾滋病人存活率的改进模网络，Weigend 等人的文献[Weigend, et al. (1995)]提出了一个用于时间序列的非线性门专家算法。Rahman 和 Fairhurst 的文献[Rahman, Fairhurst (1997)]提出了一个新的算法对多个专家进行联合，并用于手写数字的识别。

NBTree 算法[Kohavi (1996)]是一个示例空间分解方法，用于诱导一个决策树和一个朴素贝叶斯综合分类器。朴素贝叶斯是一种基于贝叶斯理论和朴素独立性假设的分类算法，以其处理时间来衡量是一种非常高效的算法。在 NBTree 诱导算法中，按照其特征值对示例空间进行迭代划分。迭代划分的结果是一棵决策树，其终节点是朴素贝叶斯分类器。由于终节点设置为朴素贝叶斯分类器，使得此综合分类器可以将一个超矩形区域的两个示例分为完全不同的两类，所以 NBTree 算法比纯粹的决策树更加灵活。为了确定何时停止树的生长，NBTree 算法比较了两个关于误差估计的方法：划分成一个超级矩形区域以及诱导一个单一的朴素贝叶斯分类器。误差估计通过交叉验证来计算，这显著地增加了整个处理时间。尽管 NBTree 算法将朴素贝叶斯分类器作为决策树终节点，但其他不同于朴素贝叶斯的分类算法也是适用的。然而，当应用更为耗时的算法，如神经网络时，交叉验证估计会使 NBTree 综合算法的计算复杂度大大提高。

NBTree 算法利用一个简单的停止标准，此标准规定当数据子集的示例数不大于 30 时就停止划分。划分太少的示例不会明显地影响最终的精度，而不如此操作，会导致产生一个非常复杂的分类器。另外，由于每个分类器需要对其区域内的示例进行归纳，所以必需要有足够的样本数量对它进行训练。Kohavi 的文献[Kohavi (1996)]提出了一个选择了具有最高效用的特征的新的划分标准。当用一个朴素贝叶斯算法来对一次划分产生的区域进行分类时，Kohavi 利用 5 倍交叉验证方法获得的估计精度来定义效用。这些区域是按照一个特定的特征值，对初始子空间进行划分得到的。尽管不同的研究人员提出了不同的示例空间分解算法，但是没有任何研究提出一个互斥示例空间分解的自动程序，这样的分解可以以一种有效的计算方式用于任何给定的分类算法。我们通过对 K -均值聚类算法的探究，提出了一个用于空间分解的算法。对比于嵌入其中的简单分类器，在保持可解释性水平的前提下，新算法以减小误差率为目标。

3.2.1 划分示例空间

本节提出了一个分解方法，该方法利用 K -均值聚类算法对示例空间进行划分，然后在每个子聚类中应用诱导算法。由于空间分解并不是必然适合于任何给定的数据集，并且在某些情况下它也许会降低分类精度，因此我们提出了一个一致性指标，用于度量由聚类程序产生的平方误差和的初始减小量。然后仅当一致性指标达到某个阈值时才执行分解方法。另外，所提出的方法可以确保在每个子聚类中有足够数目的示例，以便诱导一个分类器。实验研究显示所提出的算法可以在分类精度上获得一个显著的提高，尤其是在数值型的数据集上。

当对这一问题进行系统性的描述时，一个重要的问题出现了，即应该选用哪一种示例空间划分方法来获得尽可能高的精度。划分示例空间的方法有很多，如在一个时刻仅利用一个特征的方法（类似于决策树构造），以及利用特征值的不同的联合方法等。

受到类似的示例应该划分到相同的子空间的思想的启发，可以利用一些聚类算法对数据空间进行检测。因为“聚类就是对类似物体的分组”[Hartigan (1975)]。我们利用距离度量定义未标识数据的类似性。特别是，利用欧几里得距离来定义连续特征，简单匹配方法用于语义数据（非常类似于 Haung 的文献[Haung (1998)]在 K-原型算法中所用的类似性度量，只是没有依靠权值来对特征进行分类的特定聚类）。之所以这样选择度量的原因，在于在本文中更倾向采用的聚类算法是 K -均值算法。

3.2.1.1 *K*-均值算法作为分解工具

K-均值算法是一个最简单和最流行的聚类算法。它是一种划分算法，其过程是通过启发式的思想最小化平方误差和，即

$$\mathrm{SSE}=\sum_{k=1}^{K}\sum_{i=1}^{N_k}\left\|x_i-\mu_k\right\|^2 \tag{3.17}$$

式中：N_k 为属于聚类 k 的示例数目；μ_k 为第 k 个子类的均值，由属于该类的所有示例的平均值计算，即

$$\mu_{k,i}=\frac{1}{N_k}\sum_{q=1}^{N_k}x_{q,i}\forall i \tag{3.18}$$

图 3.1 给出了 K-均值算法的伪码。算法在起始阶段，通过某种启发式程序随机选择算法的初始聚类中心。在每次迭代中，每个示例按照欧氏距离配置给距离其最近的聚类中心，然后再重新计算聚类中心。

许多收敛条件都是可行的。例如，当聚类中心的再次重定位并不会减小划

分误差时，就可以停止搜索。这就意味着当前划分是局部最优的。也可以使用其他的一些停止标准，如超过一个预先定义的迭代次数。

```
K-均值聚类（S，K）
S为样本集；
K为聚类数。
随机初始化K个聚类中心，
当终止条件不满足时{
将样本配置到中心距其最近的子聚类利用所配置的样本更新各聚类中心
}
```

图 3.1　K-均值算法

K-均值算法可看作是一个梯度下降程序，它由 K 个聚类中心组成的初始集开始，进行迭代更新以不断降低误差函数。

算法的收敛条件包括：重定位中心不再减小误差，新聚类中心不含（或最小规模的包含）重新配置的示例，或超出预先定义的迭代次数。K-均值类型算法的有限收敛的证明可以参见 Selim 和 Ismail 的文献[Selim, Ismail (1984)]。对于 m 个示例，N 个特征的数据集，完成 T 次迭代的 K-均值算法的复杂度为 $O(T \times K \times m \times N)$。

K-均值算法流行的一个原因是它具有关于示例数 m 的线性复杂度：即使实际的示例数非常大（当前往往如此），此算法在计算速度上仍是具有吸引力的。因此，K-均值算法相较于其他具有示例数的非线性复杂度的算法（如层次聚类算法）是有优势的。

K-均值算法之所以流行的其他原因还包括：易解释性、应用的简便性、收敛速度和对疏松数据的自适应性[Dhillon, Modha (2001)]。

当利用聚类算法作为划分数据集的一个工具时，鉴于 K-均值算法的实用性，线性复杂度和高可解释性，选择将这种特定聚类算法整合进我们的算法中。

K-均值算法可看作是期望最大算法的一个简化版本[Dempster, et al. (1977)]。期望最大算法是一种基于密度的聚类算法，用于辨识提取数据对象的不同分布的参数。对于 K-均值算法，数据对象从一个 K 元正态分布中提取，这个 K 元正态分布共享相同的已知方差，但其均值向量是未知的[Estivill-Castro (2000)]。当在未标识的数据集上应用 K-均值算法时，算法的基本假设可写为

$$x \sim N\left(\mu_k, \sigma^2\right) \forall k = 1, 2, \cdots, K, x \in C_k \tag{3.19}$$

按照贝叶斯理论有

$$p\left(y = c_j^* \middle| x\right) = \frac{p\left(y = c_j^*, x\right)}{p(x)} \tag{3.20}$$

由于 $p(x)$ 取决于提取的未标识示例的分布，并且一般假设不同的聚类具有不同的分布，这就意味着 $p\left(y = c_j^* \middle| x\right)$ 在不同的子类上具有不同的分布值。后者

的分布对于目标特征的预测值有着直接的影响，因为

$$\hat{y}(x)=\underset{c_j^*\in \mathrm{dom}(y)}{\arg\max}\, p\left(y=c_j^*\middle|x\right) \tag{3.21}$$

式（3.21）支持聚类算法应用的思想。

3.2.1.2　确定子集的数目

为了继续进行未标识数据的分解，应该确定一个重要的参数-子集数目，或确定算法中的数据的聚类数。

K-均值算法要求将此参数作为输入，并且受其值的影响。各种各样的启发式算法试图去发现最优的聚类数目，其中大多数算法都涉及到类间距离或类内相似度。然而正如我们所知道的情况，对于每个示例的实际类别，建议在聚类中采用互信息指标[Strehl, et al. (2000)]。对于值域为 $\mathrm{dom}(y)=\{c_1,\cdots,c_k\}$ 的目标特征 y，用于聚类的 m 个示例的互信息指标 $C=\{C_1,\cdots,C_g\}$ 的定义为

$$C=\frac{2}{m}\sum_{l=1}^{g}\sum_{h=1}^{k}m_{l,h}\log_{g,k}\left(\frac{m_{l,h}\cdot m}{m_{\cdot,h}\cdot m_{l,\cdot}}\right) \tag{3.22}$$

式中：$m_{l,h}$ 为聚类 C_l，也就是子类 c_h 中的示例的数目；$m_{\cdot,h}$ 为在类别 c_h 中的总的示例数；类似地，$m_{l,\cdot}$ 为聚类 C_l 中的示例的数目。

3.2.1.3　基本的 *K*-Classifier 算法

基本的 K-Classifier 算法应用 K-均值算法进行空间分解，并且利用互信息指标用于确定聚类数目。算法的流程如下：

步骤 1　在训练集 S 中应用 K-均值算法，其中 $K=2,3,\cdots,K_{\max}$；

步骤 2　对于 $K=2,3,\cdots,K_{\max}$，计算互信息指标，并选择最优的聚类数目 K^*；

步骤 3　利用诱导算法 I 产生 K 个分类器，每个分类器在示例空间的一个子集 k 上进行训练。空间分解的定义为 $B_k=\{x\in X:k=\arg\min\|x-\mu_k\|\}\ k=1,2,\cdots,K^*$，因此构造的分类器为 $I(x\in S\cap B_k)\ k=1,2,\cdots,K^*$。

K-Classifier 算法对新示例的分类步骤如下：

（1）将示例配置到与其最相邻的聚类中 $B_k:k=\arg\min\|x-\mu_k\|$；

（2）利用 B_k 诱导分类器，并给新示例配置一个类别。

我们分析了导致基本 K-Classifier 算法成功或失败的条件的限度。应用了 3 种具有代表性的分类算法：C4.5 算法，神经网络算法和朴素贝叶斯算法。这些算法分别被表示为“DT”，“ANN”，“NB”，并应用于 UCI 数据库的 8 个数据集，在实验中一次采用各算法的基本形式，一次采用与 K-Classifier 联合的形式。利用 McNemar 测试[Dietterich (1998)]，度量并比较由于分解所带来的基本算法的分类误差率。最大聚类数设为一个足够大的数（25）。

每个分类算法对每个数据集的实验被重复执行 5 次，以便减小在 McNemar 测试中由于训练集的随机选择造成的结果变化。

为了分析 K-Classifier 算法成功/失败的原因，构造了一个元数据集。该数

据集包含每个分类算法在每个数据集上进行每次实验的一个元组。其属性对应此次实验的特征。

（1）记录-特征比率。由训练集示例数除以特征数来计算。

（2）初始 PRE。将数据集从一个聚类（无划分形式）划分为两个所导致的 SSE 的减小程度。这一特征可以显示是否数据集根本就不应该被划分。

（3）诱导方法。在数据集上应用的诱导算法。

为了分析误差率的减小与方法和数据集特征的函数关系，我们构造了一个元-分类器。在此我们应用的诱导器是 C4.5 算法。

至于目标特征，它表示基本 *K*-Classifier 算法的精度性能相对于诱导器的适宜精度性能的相对关系，该诱导器是在基本算法形式中所采用的。目标特征可以取如下的值：无 10%以内的显著性的减小/增加（“small ns dec/inc”），无大于等于 10%的显著性的减小/增加（“large ns dec/inc”），存在 10%以内的显著性的减小/增加（“small s dec/inc”），存在大于等于 10%的显著性的减小/增加（“large s dec/inc”），减小率为 0（“no change”）。最终的决策树如图 3.2 所示。

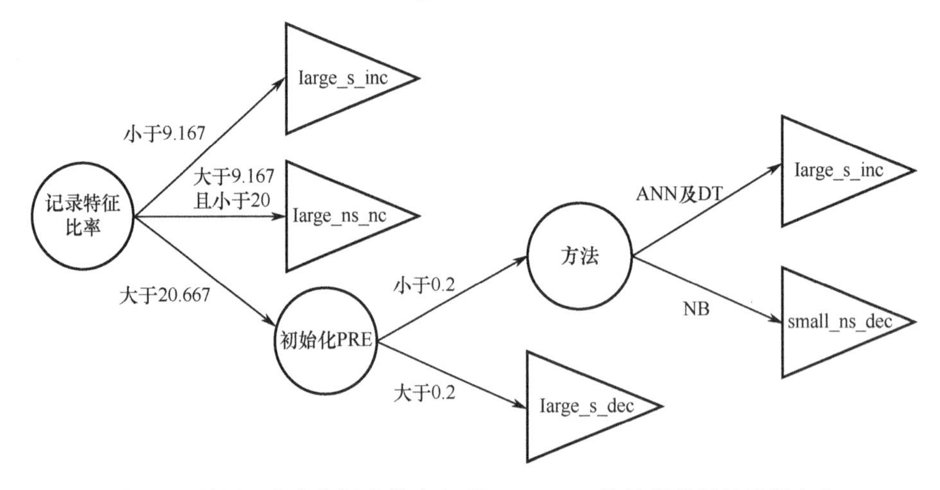

图 3.2　利用一个决策树来描述由 *K* -Classifier 算法所获得的误差变化

从图 3.2 可以看出，决定 *K*-Classifier 算法是否在误差率上获得一个显著的下降的两个特征是记录-特征比率和初始 PRE。当前者超过 20.67 且后者超过 0.2 时，误差率会有一个显著的下降。

这一结果可以回答下面的问题：是否总是需要进行划分？这一问题可以当作是对数据集的一个初步检测，其目的是判断是否需要对空间进行分解。

当记录-特征比率小于或等于 20.67 时，误差率会有一个显著的增加，或者至少有一个非显著的增加。因此，可以得出以下结论：与特征数相比，当数据集的记录数比较小时，不应该采用带划分的 *K*-Classifier 算法。

在此阶段可以得出的另一个结论：*K*-Classifier 算法对于整数或连续值特征的性能更好。尽管算法并不是对所有具有这类特征的数据集都能显著地减小误差，但误差显著减小的数据集当中都包含整数、连续值特征或者是二者的组合。

3.2.1.4 异质性检测 *K*-Classifier（HDK-Classifier）算法

对误差减小率的分析并没指出对于 *K*-Classifier 算法何时应该使用聚类算法。正如所料想的，分解并不总是能够产生一个精度增益，并且在许多情况下也许还会对精度造成损害。这些结论也许来源于同质性，或低异质性数据集：数据集中不存在明显的聚类或分种群，因此不应该对数据集进行划分。

用于基本 *K*-Classifier 算法的互信息指标并不检测是否数据集存在异质性。它仅简单地假设存在异质性，并且其目的是对于给定的的确包含不同子聚类的数据集，发现数据集中的聚类数。

如果检测非异质数据集，就会知道不需要对其进行分解，因为分解并不会促使误差减小。如果在这样的数据集上应用 *K*-Classifier 算法，与基本学习算法相比，只会在增加时间复杂度的同时得到更差的结果。按照这一结论，对基本 *K*-Classifier 算法进行了改进，在算法开始阶段增加一个步骤。在该步骤中，应用取值为 $K=1$ 和 $K=2$ 的 *K*-均值算法，并且检测 PRE 值是否大于 0.2。如果 PRE 值大于 0.2，则执行后续的 *K*-Classifier 算法；如果 PER 值不大于 0.2，则认为不需要采用分解步骤，因此在整个数据集上以基本形式应用诱导器。这样，新算法仅以一个附加步骤为代价，就可以保持在非异质数据集上的精度，且此代价与基本 *K*-Classifier 算法相比是非常小的。

3.2.1.5 运行时间复杂度

所提出的训练算法需要如下的计算量：

（1）在确定最佳聚类数阶段，*K*-均值算法要运行 $K_{\max}-1$ 次，这就会带来一个 $O\left(T\times K_{\max}^2\times n\times m\right)$ 的复杂度。

（2）对于计算 $K=1$ 和 $K=2$ 时的 PRE 值的复杂度为 $O(n\times m)$，因此可以对其忽略不计。

在 K^* 个划分上每构造一个分类器至多需要 $O\left(K_{\max}\times G_I(m,n)\right)$ 的复杂度，式中 G_I 为分类器的训练复杂度。例如，当应用决策数算法时，此阶段的时间复杂度至多为 $O\left(K_{\max}\times m\sqrt{l}\right)$，式中 l 为决策树叶节点的数目。

依照以上的分析，训练算法的总的运行时间复杂度为 $O\left(T\times K_{\max}^2\times n\times m+K_{\max}\times G_I(m,n)\right)$。例如，对于决策树分类器，其时间复杂度为 $O\left(T\times K_{\max}^2\times n\times m+K_{\max}\times m\sqrt{l}\right)$。

3.3 专家混合与元学习

元学习是从学习器（分类器）学习的过程。一个元-分类器的训练过程包括两个或更多的阶段，而不是标准学习器的一个阶段。为了诱导一个元分类器，先训练一个基分类器（阶段一），然后再训练元-分类器（阶段二）。在预测阶段，基分类器将输出它们的分类结果，然后元分类器再做出最终的分类决策（作为基分类器的一个函数）。元学习方法是最适于某些分类器一致正确分类或一致误分类某些示例的情况。

下面的内容讨论最著名的元联合方法。

3.3.1 Stacking 算法

Stacking 算法可能是最流行的元学习技术[Wolpert(1992)]。通过利用元学习器，这种方法可以推导出哪些分类器是可靠的，哪些不是。Stacking 算法通常用于联合由不同诱导器构造的模型。该方法的思想是创建一个元数据集，包含原始数据集的一部分。然而，该方法并不使用原始输入特征，而是以分类器的预测分类结果作为输入特征。目标特征保存在原始训练集中。一个测试示例首先由每个基分类器进行分类，这些分类结果构成一个元水平训练集，并由这个训练集来生成一个元分类器。这些分类器将不同的预测结果联合成一个最终的结果。一般建议将原始数据集划分为两个子集。第一个子集保存为元数据集的形式，第二个子集用于构造基水平分类器。这样，元分类器的预测结果就反映了基水平学习算法的真实性能。可通过基水平分类器得到的每个类别标识的输出概率来提高 Stacking 算法的性能。在这种情况下，在元数据集中的输入特征的数目要乘以类别数。研究表明，带有分层的集成方法的（最好的）性能与通过交叉验证法从集成中选择出的最好的分类器的性能是相当的[Dzeroski, Zenko(2004)]。为了改进现有的 Stacking 算法，他们应用了一个新的多响应模型树用于元学习，实验结果表明，新算法的性能要优于现有的 Stacking 算法，并且也要优于通过交叉验证法选择出的最好的分类器

存在许多基本 Stacking 算法的变体[Wolpert, Macready (1996)]。其中最有用的分层策略是 Ting 和 Witten 的文献[Ting, Witten (1999)]中提出的。元数据集由每个分类器的后验类别概率组成。实验表明，将这种策略与多响应线性回归相联合作为一个后学习器，可以得到最好的结果。

Dzeroski 和 Zenko[Dzeroski, Zenko (2004)]的研究表明这种策略比仅选择最好的分类器的性能要好，它要求利用基于多响应树的元分类器。Seewald [Seewald (2002A)]指出在一个分层策略中，仅使用 7 个分类器中的 4 个不同类型的分类器，可获得与使用所有 7 个分类器相当的性能。对于异质区域和回归问题领域的 Stacking 算法所引起的注意并不多。

StackingC 算法是简单 Stacking 算法的一个改进算法。在实验测试中，Stacking 算法对于多类数据集的性能下降很明显。StackingC 算法就是针对此问题提出的。在 StackingC 算法中，每个基分类器仅输出一个类别概率预测[Seewald(2003)]。

每个基分类器仅在一个特定类别上进行训练和测试，而 Stacking 算法输出所有类别的概率，并来源于所有的分类器。

Seewald (2003) 指出所有的集成学习系统，包括 StackingC 算法 [Seewald(2002B)], Grading 算法[Seewald, Fuernkranz (2001)]，甚至 Bagging 算法 [Breiman(1996)]都可由 Stacking 算法来模拟[Wolpert(1992)]。为此，他们对 Stacking 给出了大多数策略作为元分类器的功能相当的定义。Dzeroski 和 Zenko [Dzeroski, Zenko (2004)]指出 SCANN 算法[Merz(1999)]（Stacking 算法的一个变体）与 MDT 算法[Ting, Witten(1999)]的结合，再加上利用交叉验证选择最好的基分类器，与多线性响应（MLR）的 Stacking 方法的性能处于同一个水平。

Seewald [Seewald (2003)]通过实验证明由 Ting 和 Witten[Ting, Witten (1999)]提出的改进 Stacking 算法，除了一个元学习器外，对于其他所有元学习器在多类问题上的性能都要比二类问题差。他给出的解释是当数据集有一个高的类别数目时，元水平数据的维数会成比例地增加。维数越高，则元学习器就越难诱导出一个好的模型，因此要考虑更多的特征。维数的增加还存在两个缺点。首先，它增加了元分类器的训练时间；在许多诱导器中这一问题是很严重的。其次，它增加了在训练过程中总的存储容量。这也许会导致资源的不足，因此会限制诱导器学习的训练样本（示例）的数目，因此会损害集成的精度。

由于在 StackingC 算法的学习阶段，它实际上是采用的一对多二元化策略，并且对于每个类别模型应用回归学习器。但是二元化策略是一个有问题的方法，尤其是当类别分布是高非对称时。Frnkranz 的文献[Frnkranz(2002)]显示一对多二元化技术的主要问题是不利于处理比较大的类别数，其原因可能是因为二元学习方法增加了偏态类分布。替代一对多二元化技术的一个方法是一对一二元化，其基本思想是将一个多类问题转换为一系列的二分类问题，即在每对类别中仅利用这两个类别中的样本，而忽略其他所有样本，来训练一个分类器。当对一个新样本进行分类时，就将其分别提交给所有的 $\frac{k(k-1)}{2}$ 个二分类器，然后对所有二分类器的预测结果进行联合。我们在初步实验中发现，这种二元化方法在所处理的问题中的类别数增加时，其精度变得很差。接着，将 StackingC 算法与一对一二元化方法相结合，进行了广泛的实验，得出了相同的结论。对于此结论的一个解释也许是随着所处理问题中类别数的增加， $\frac{k(k-1)}{2}$ 个基分类器中的任何一个都增加了错误预测的可能性。这里存在两个原因：一是当预测一个示例的类别时，仅仅 $k-1$ 个分类器也许可以得出正确的预测结果，因为仅有 $k-1$ 个分类器对任一特定的类别进行训练；二是在一对一二元化方法中，仅利用了两个类别中的示例，而在一对多方法中利用数据集中的所有示例，因此在一对一二元方法中，每个基分类器的训练示例的数目要远小于一对多二元化方法。因此，采用一对一二元化方法也许会产生比较差的基分类器。

StackingC 算法在显著精度差异、精度比率和运行时间上都较 Stacking 算法有所提高。这些改进对于多类数据集尤其明显，并且随着类别数目的增加其改进更为显著。StackingC 算法也解决了 Ting 和 Witten[Ting, Witten (1999)]所提出的扩展算法的不足，并且对于二类和多类问题提供了一个平衡的性能。

SCANN (Stacking, Correspondence Analysis and Nearest Neighbor)联合方法[Merz (1999)]采用了 Stacking 算法和对应分析策略。对应分析是一种对分类矩阵的行和列之间的关系进行几何建模的方法。在此文献中，对应分析被用来探究训练样本与分类器集合对其分类结果之间的关系。

下面，应用一个最近邻方法去对未知样本进行分类。在此，每个可能的类别由对应分析来推导，并被配置到空间中的相应位置。再将未分类样本映射到这个新的空间，其类别标识被配置为距其最近的类别。

3.3.2 仲裁树

按照 Chan 和 Stolfo 的算法[Chan, Stolfo (1993)]，通过从下至上的方法来构造一个仲裁树。首先，将训练集随机划分为 k 个不相邻的子集，从一对分类器中诱导出仲裁器；然后由两个仲裁器的输出来迭代地诱导出一个新的仲裁器。因而对于 k 个分类器，就会生成 $\log_2(k)$ 水平的仲裁树。

仲裁器的生成步骤如下：对于每一对分类器，它们的训练数据的合集由这两个分类器来分类。一个选择性规则对比这两个分类器的分类结果，并从该合集中选择示例来形成仲裁器的训练集。在此集合上利用与在基水平中所用的相同的学习算法来诱导仲裁器。仲裁器的目的是当基分类器产生多样性的分类结果时，可提供一个预备的分类结果。此仲裁器带有一个仲裁规则，它基于基分类器的预测结果，共同确定最终的分类输出结果。图 3.3 显示了如何基于两个基分类器和一个仲裁器来确定最终的分类结果。

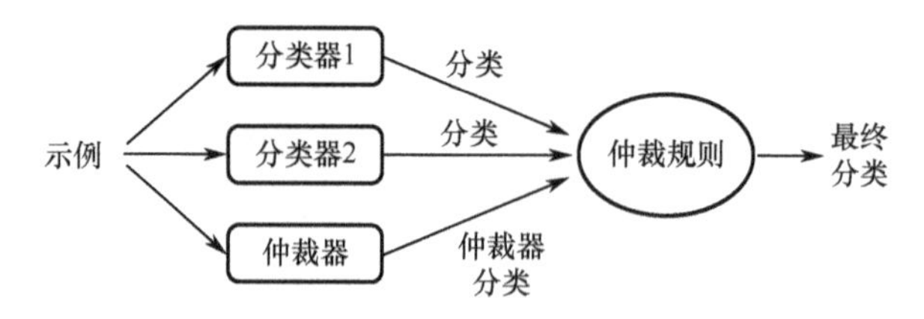

图 3.3　基于两个基分类器和一个仲裁器的预测示意图

算法的整个过程包括：形成数据子集合集的过程；利用一对仲裁树进行分类；比较分类结果；形成一个训练集；训练仲裁器；从所有预测结果中选择一个结果。对以上步骤进行迭代运行直到形成根仲裁器。图 3.4 显示了一个对于 $k=4$ 的仲裁器。$T_1 \sim T_4$ 是用于同时生成 4 个分类器 $M_1 \sim M_4$ 的 4 个初始训练集。

T_{12}和T_{34}是用于生成仲裁器的训练集，通过规则选择来产生。A_{12}和A_{34}是两个仲裁器。采用类似的方法来产生T_{14}和A_{14}（根仲裁器）以及仲裁树。

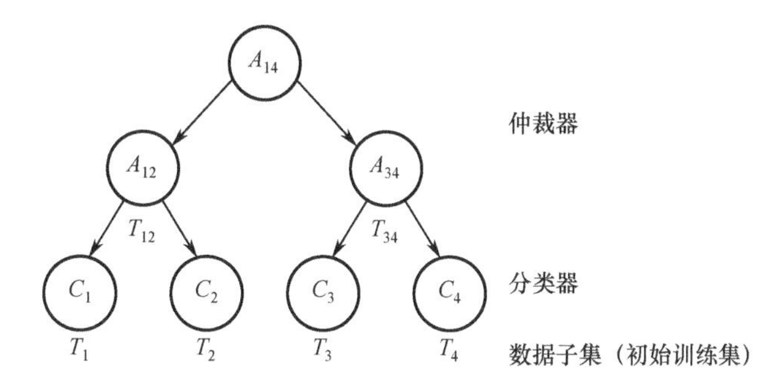

图 3.4　仲裁器实例

存在多个策略来生成仲裁树；每个策略以一个不同的选择规则来表达。现在给出如下 3 个选择规则：

（1）组 1：仅选择分类结果不一致的示例（组 1）。

（2）组 2：类似于上面组 1 的定义，再加上分类结果一致但不正确的示例（组 2）。

（3）组 3：类似于上面组 1 和组 2 的定义，再加上具有同样正确分类结果的示例（组 3）。

我们对仲裁规则中的两个版本进行了实验，每一个版本相应于产生该水平的训练数据的选择规则：

对于选择规则（1）和规则（2），一个最终的分类结果通过两个低水平的分类结果的多数投票，以及仲裁器本身的分类结果来确定，并且更偏向于后者。

对于选择规则（3），如果两个低水平的分类结果不相同，则最终的分类结果通过基于组 1 的子仲裁器获得。如果不存在上面的情况，并且由组 3 所构造的子仲裁器的分类结果等于低水平的结果，则此结果就是最终的分类结果。在任何其他情况中，以组 2 所构造的子仲裁器的分类结果作为最终的结果。事实上，如果将单一模型应用于整个数据集，是有可能以更少的时间和存储容量要求来获得相同的精度水平[Chan, Stolfo (1993)]。更具体来说，实验表明采用单一模型的元学习策略仅需要 30%的存储容量。最后一个事实，再加上各种学习过程的独立性质，使这种方法对于大规模数据更具鲁棒性和有效性。然而，精度水平取决于多个因素，如子集中的数据分布，以及在每个水平中的学习分类器和仲裁器的配对策略等。考虑任何因素的决策都会对性能造成影响，但算法并不需要事先知道最优的决策，也不需要提供初始集。

3.3.3　组合树

组合树产生的方式类似于仲裁树。二者都采用从底至顶的训练方式。不同的是，一棵组合树的非叶节点配置的是一个组合器，而不是仲裁器[Chan, Stolfo (1997)]。在组合器策略中，学习好的基分类器的分类结果形成元学习器的训练集的基。合成规则决定产生组合器（元分类器）的训练样本的容量。在对一个示例进行分类时，基分类器首先产生它们的分类结果，并基于合成规则来产生新示例的分类结果。该策略的目标是联合基分类器的分类结果，这些基分类器是通过对它们的分类结果与正确分类结果之间的关系进行学习得到的。图 3.5 显示了由两个基分类器和一个组合器所获得的结果。

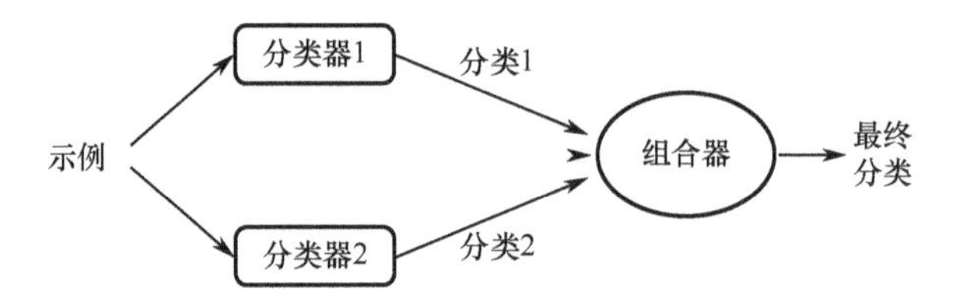

图 3.5　两个基分类器和一个组合器的预测结果

共有两种组合规则：第一种是堆叠策略；第二种是类堆叠策略，只是增加了示例输入特征。研究表明第一种堆叠策略的性能不如第二种类堆叠策略[Chan, Stolfo (1995)]。尽管在数据划分过程中存在信息损失，但组合树能够达到与单个分类器相当的精度水平。在少数情况下，还能够持续超越单个分类器的精度。

3.3.4　分级法

此技术利用“分级”分类作为元水平类别[Seewald, Furnkranz (2001)]。术语“分级”是将分类结果标示为正确和错误两个类别。该方法通过对示例应用 k 遍，并在每次运行中为其配置一个新的二元类别，从而将 k 个不同的分类器的分类结果转换为 k 个训练子集。此二元类别显示第 k 个分类器产生的分类结果与真实类别相比，是正确的还是错误的。

对于每个基分类器，都要训练一个元分类器，其任务是当基分类器误分类时完成分类。在分类时，每个基分类器对未标识示例进行分类。最终的分类结果是通过元分类策略实现正确分类的基分类器的分类结果来得到的。如果有多个具有不同分类结果的基分类器都被标识为正确，由通过投票，或一个联合策略来估计这些基分类器的信任度。分级法也可以当作是交叉验证选择方法的一个泛化形式[Schaffer (1993)]，后者是将训练数据集划分为 k 个子集，然后每次用去掉一个子集后的数据集来构建 $k-1$ 个分类器，并利用去掉的子集评判各分类的误分率。最后选择那些对于子集具有最小误分率的分类器。分级法是仅利用那些能够对示例正确分类的分类器，对每个示例单独进行决策。分级法和组合器（或堆叠法）最主要的不同在于，前者无需通过将类别预测值或类别概率值来替换示例特征（或将这些值加到特征值上）来改变特征值，它调整的是类别值。另外，在分级法中，对每个基分类器都产生一个元数据集，然后利用这些数据集学习元水平分类器。

分级法与仲裁器的主要不同在于，仲裁器利用分类器间的不一致性信息选择训练集，而分级法利用目标函数的不一致性产生新的训练集。

3.3.5 门网络法

图 3.6 显示了一个 n 个专家的结构。每个专家对于给定的输入示例输出目标特征的条件概率。一个门网络通过对每个网络配置一个权值来对各个专家进行组合。这些权值不是常数，而是输入示例 x 的函数。门网络选择一个或多个对于样本具有最合适类别分布的专家（分类器）。事实上，每个专家适用于描述输入空间的一小部分。

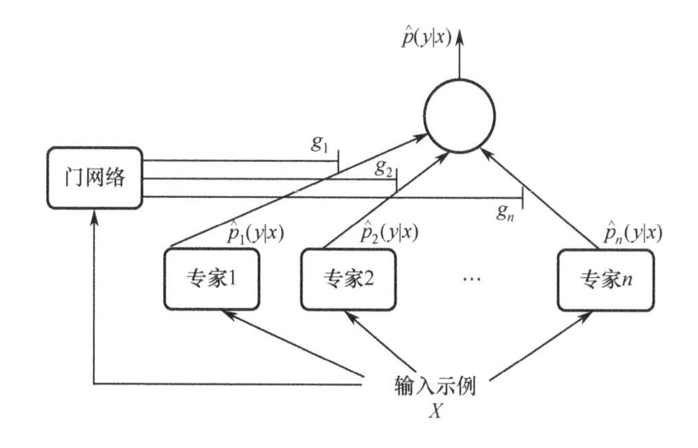

图 3.6　n 个专家结构示意图

Jordan 和 Jacobs 的文献 Jordan, Jacobs (1994)提出了一个基本专家混合算法的扩展版本，即为分级专家混合算法（HME）。该扩展算法先将空间分解为子空间，然后再迭代地将每个子空间分解为更小的子空间。

各种各样的基本专家混合算法的变体被提出来，以适应特定的问题领域。Hampshire 和 Waibel 的文献[Hampshire, Waibel (1992); Peng, et al. (1996)]提出了一个专门的模网络，称为元- p_i 网络，用于解决说话人元音问题。研究人员还提出了其他的专家混合算法（ME），如用于时间序列的非线性门专家网络[Weigend, et al. (1995)]；用于艾滋病人（AIDS）存活率预测的改进模网络[Ohno-Machado, Musen (1997)]；以及用于提高硬笔数字识别的联合多个专家的新算法[Rahman, Fairhurst (1997)]等。

某些加权方法是可训练的。Lin 等人[Lin, et al. (2005)]提出利用遗传算法来试图搜寻最优的仅值。他们研究了两种不同的联合策略来提高硬笔中文字符的识别性能：第一个候选类的识别精度和前 10 个候选类的识别精度。他们所进行的大量研究表明这种新方法可显著提高精度性能。

增强学习（RL）被用于自适应地联合基分类器[Dimitrakakis (2005)]。集成由一个控制方法组成，用于选择基分类器来对一个特定的示例进行分类。该控制方法通过学习来做决策，以使得分类误差最小化。控制方法的训练通过一个源于 Q-学习的技术来实现。当基分类器的数目比较多时，采用增强学习可提升算法的性能。

第 4 章 集成的多样性

4.1 概 述

由于不同类型的分类器具有不同的“诱导偏差”，所以集成方法是非常有效的[Mitchell(1997)]。为了使集成更加有效，有必要对分类器的多样性进行排序[Kuncheva (2005b)]。多样性可以通过输入数据的不同表示获得，如在 Bagging 算法中，就是通过学习器设计的变化，或对输出增加一个惩罚项来促进多样性的产生。

集成方法的确能够有效地利用这样的多样性来减小误差-方差[Tumer, Ghosh (1996)]；Ali, Pazzani(1996)]，并且不会同时增加误差-偏差。正如最大边界分类器理论[Bartlett, Shawe-Taylor (1998)]所揭示的那样，在某种情况下，集成有可能减小误差-偏差。在一个集成中，仅当各分类器的输出不相同时，其输出的合成才会产生效用[Tumer, Ghosh (1996)]。

在创建一个集成时，为获得更好的集成性能，一个理论上的重要特点是使每个分类器尽可能地不同，并同时与训练集尽可能地保持一致[Krogh, Vedelsby (1995)]。按照文献[Hu (2001)]的研究，多样性的分类器会导致非相关误差，但却会提高分类精度。

Brown 等人[Brown, et al. (2005)]指出，对于分类任务而言，“多样性”是一个不甚明了的概念。尽管如此，研究人员相信它与相关的统计概念是紧密关联的。当基分类器的误分事件是互不相关时，就可以获得多样性。多个工具可用来实现这一目标：输入数据的不同表示，学习器设计的变化，或对输出增加一个惩罚项来促进多样性的产生。

在回归任务中，偏差-方差-协方差解构可用来解释个体模型间的多样性为何以及如何对整个集成的精度产生贡献。然而，在分类任务中，却不存在完备和一致的理论[Brown, et al. (2005)]。具体来说，对于 0-1 损失函数，不存在方差-协方差解构的简单的类似物。相反，在分类任务中存在多个方式来定义这种解构。每个方式都有其各自的假设。

Sharkey [Sharkey (1999)]提出了一个方法来创建神经网络集成的多样性。具体来说，Sharkey 的方法归因于 4 个方面：初始权值；所用的训练数据；神经网络的结构；所用的训练算法。

Brown 等人[Brown, et al. (2005)]提出了一个不同的方法，主要由以下几个方面组成：在假设空间内对初始点进行改变；对集成个体易处理的假设集进行改变（如操控训练集）；对每个成员遍历空间的方法进行改变。

在本章中，我们提出如下的策略。需注意的是，所提算法中的各策略并不是互斥的，即有些算法是将其中的某两种策略进行联合来产生新的算法。

（1）操控诱导器——对基诱导器产生的方式进行操控。具体来说，通过不同的方式来操控诱导器产生各成员分类器。

（2）操控训练样本——对训练诱导器的输入数据进行改变。每个分类器都通过不同的训练集来进行训练。

（3）对目标属性的表示进行改变——成员中的每个分类器解决一个不同的目标概念。

（4）划分搜索空间——每个成员都通过不同的搜索空间来进行训练。

（5）杂交——通过各种基诱导器或集成策略来产生多样性。

4.2 操控诱导器

获得多样性的一个简单的方法是操控用于产生分类器的诱导器。下面我们对获得这种多样性的策略进行总结。

4.2.1 操控诱导器的参数

基诱导器可通过一组参数来控制。例如，著名的决策树 C4.5 算法诱导器就有一个信任水平参数，可极大地影响学习结果。Drucker [Drucker (2002)]研究了对决策树进行早期删减对整个集成性能的影响。当一个算法（如决策树）被用于一个简单的强学习器时，应该对某些方面重点考虑。但当同样的算法被用于一个弱习器时，应该对其他方面进行重点考虑。

对于神经网络的集成而言，多名研究人员试图通过采用不同的节点数来获得多样性[Partridge, Yates (1996);Yates, Partridge (1996)]。然而，这些研究表明，隐层节点数目的不同并不是获得神经网络集成多样性的有效途径。尽管如此，CNNE 算法[Islam, et al. (2003)]取得了令人鼓舞的结果，该算法可同时确定集成规模和个体网络的隐节点数。

另一个有效的人工神经网络集成方法是采用多个网络拓朴结构。例如，Addemup 算法[Opitz, Shavlik (1996)]利用遗传算法来选择组成集成的神经网络的拓朴结构。Addemup 算法采用标准的反传算法进行训练，然后按照多样性度量来选择产生好的误差多样性的网络组合。

4.2.2 假设空间的初始点

一些诱导器能够从假设空间的不同初始点开始搜索来获得多样性。例如，操控反传型诱导器最简单的方法是对网络配置不同的初始权值[Kolen, Pollack (1991)]。实验结果显示，在不同迭代中，无论算法收敛到哪个解，以及是否会收敛，所得到的网络都是不同的。尽管不同的初始点策略是一种非常简单的获得多样性的方法，但并不足以获得好的多样性[Brown, et al. (2005)]。

4.2.3 假设空间的遍历

这些技术改变了诱导器遍历空间的方式，因此导致不同的分类器收敛到不同的假设空间[Brown, et al. (2005)]。将遍历操控空间来获得多样性的技术分为两类：随机的和集体的。

（1）基于随机的策略。这种策略的思想是给诱导器“注入随机性”以增加集成个体成员的独立性。Ali 和 Pazzani [Ali, Pazzani (1996)]提出了一个改变规则学习的 HYDRA 算法，该算法并不是在每个阶段都选择最好的特征（例如利用一个信息增益度量），而是随机选择一个特征，选择概率与其度量值成比例。一个类似的方法应用到 C4.5 算法决策树[Dietterich (2000a)]当中。此算法也不是在每个阶段都选择最好的特征，而是从最好的 20 个特征所组成的集合中随机选择一个特征（以同等概率）。

（2）基于集体实现的策略。在此方法中，每个成员诱导过程中所用的评价函数被扩展，在其中包含一个鼓励多样性的惩罚项。研究最多的惩罚项方法是负相关学习[Brown, Wyatt (2003); Rosen (1996)]。负相关学习的思想是鼓励集成中不同的个体分类器去表示问题的不同的子空间。虽然分类器是同时生成的，但各分类器可以相互影响，以实现专门化（例如，可利用误差函数中的一个相关惩罚项来鼓励专门化）。

4.3 操控训练样本

在此方法中，每个分类器是在原始数据集的一个不同的变体或子集上进行训练的。这种方法适用于方差-误差因子相对比较大的诱导器（如决策树和神经网络）。也就是说，训练集中一个小的变化就会造成所获得的分类器一个较大的变化。这类方法包括 Bagging，Boosting 和交叉验证委员会等算法。

4.3.1 重采样

不同分类器中的元组与 Bagging 算法或 Arbiter 树算法一样是随机的。其他一些算法是基于类别的分布来设置元组的分布，即使每个子集的类别分布与整个数据集近似一致。研究表明，在 Combiner 树[Chan, Stolfo (1995)]中，比例分布比随机分布可获得更高的精度。

一些方法（如 AdaBoost 算法和 Wagging 算法）不采用替代方法采样，而是对训练集中的每个示例都赋予一个权值。基诱导器能够处理这些权值。最近，出现了一种新的框架，每个示例对集成的形成采用一个固定的权值，而对不同的个体分类器采用一个不同的权值[Christensen, et al. (2004)]。这种方法鼓励模型的多样性，并且不会由于对某些示例的特殊化处理造成集成的偏差。

采用多样性策略的 Bagging 算法（BUD）[Tang, et al. (2006)]通过在 Bagging 算法的基分类器中引入多样性来获得更好的结果。算法假设各分类器彼此的差异性越大，集成分类器的结果越好。算法从训练集中产生一组基分类器，然后在当前集成和将要加入集成的基分类器中，通过迭代应用不同的多样性度量选择出一个基分类器的子集。

图 4.1 给出了 BUD 算法的伪码。首先，创建一个简单的包含 T 个基分类器的 Bagging 算法集成。具有最小训练误差的分类器构成集成 M' 的初始输出。应用“差异性”、“Kohavi-Wolpert 方差”或者“泛化多样性”来将另外的 $T/2-1$ 个基分类器添加到 M' 中。通过 M' 中的基分类器输出的分布总和来确定新示例的类别。图 4.2～图 4.6 给出了计算多样性度量的伪码。

多样性 Bagging 算法

已知：I 为基诱导器；T 为迭代次数；S 为原始训练集；D 为多样性度量。

1: **for** $t=1$ to T **do**;

2: 采用迭代策略的随机采样法，创建一个与 S 相同规模的数据集 S'；

3: $M_t = I(S')$；

4: **end for**;

5: $M' = \arg\min \sum_{x:M_t(x)\neq y} 1$；

6: **for** $i=1$ to $\left(\frac{T}{2}-1\right)$ **do**;

7: **if** D=“差异性” **OR** D=“Kohavi-Wolpert 方差” **OR** D=“泛化多样性” **then**;

8: $M' = M' \cup \arg\max_{M_t \notin M'} \left[\operatorname{div}(S, D, M' \cup M_t)\right]$；

9: **else**;

10: $M' = M' \cup \arg\min_{M_t \notin M'} \left[\operatorname{div}(S, D, M' \cup M_t)\right]$；

11: **end if**;

12: **end for**。

图 4.1 采用多样性的 Bagging 算法

计算不一致性度量
已知：S 为原始训练集；M' 为分类器的测试集。
1：$\text{sum}=0$；
2: **for** 每个唯一的成对基分类器 $\{a,b\}\subseteq M' | a\neq b$ **do**;
3: $\text{sum}=\text{sum}+$ 分类器 a 和 b 不一致分类的示例的数目；
4: **end for**;
5: **return** $\dfrac{2\text{sum}}{|S|\times|M'|\times(|M'|-1)}$。

图 4.2 计算不一致性度量

计算双误度量
已知：S 为原始训练集；M' 为分类器的测试集。
1：$\text{sum}=0$；
2: **for** 每个唯一的成对基分类器 $\{a,b\}\subseteq M' | a\neq b$ **do**;
3: $\text{sum}=\text{sum}+$ 分类器 a 和 b 均错误分类的示例的数目；
4: **end for**;
5: **return** $\dfrac{2\text{sum}}{|S|\times|M'|\times(|M'|-1)}$。

图 4.3 计算双误度量

计算 Kohavi Wolpert 方差
已知：S 为原始训练集；M' 为分类器的测试集。
1：$\text{sum}=0$；
2: **for** 每个 $\langle x_i,y_i\rangle\in S$ **do**;
3: $l_i=$ 误分类 x_i 的分类器的数目；
4: $\text{sum}=\text{sum}+l_i\times(|M'|-l_i)$；
5: **end for**;
6: **return** $\dfrac{\text{sum}}{|S|\times|M'|^2}$。

图 4.4 计算 Kohavi Wolpert 方差

计算交互评价度量
已知：S 为原始训练集；M' 为分类器的测试集。
1：$\text{sum}=0$；
2: **for** 每个 $\langle x_i,y_i\rangle\in S$ **do**;
3: $l_i=$ 误分类 x_i 的分类器的数目；
4: $\text{sum}=\text{sum}+l_i\times(|M'|-l_i)$；
5: **end for**;
6: $P=1-\dfrac{\sum l_i}{|S|\times|M'|}$；
7: **return** $1-\dfrac{\text{sum}}{|S|\times|M'|\times(|M'|-1)\times P\times(1-P)}$。

图 4.5 计算交互评价度量

计算泛化多样性
已知：S 为原始训练集；M' 为分类器的测试集。
1: **for** 每个 $\langle x_i, y_i \rangle \in S$ **do**;
2: l_i = 误分类 x_i 的分类器的数目；
3: $V_i = \frac{|M'| - l_i}{|M'|}$ ；
4: **end for**;
5: **return** V_i 的方差。

图 4.6 计算泛化多样性

4.3.2 样本创建

DECORATE 算法[Melville, Mooney (2003)]是一种受控的方法，集成通过迭代产生，在每次迭代中学习一个分类器并将其加入当前的集成。第一个成员在原始训练集上通过基诱导器产生。后续的分类器在一个人工训练集上产生，该训练集中的数据一部分由原始训练集组成，另一部分由人工产生。在每次迭代中，人工数据的特征按照原始数据的分布产生。另一方面，这些被选择特征的目标值要与当前集成预测值具有最大的不同。综合实验显示，与基分类器 Bagging 算法和随机森林算法相比，这一技术具有更高的精度。对于小的训练集，DECORATE 也可获得比 Boosting 算法更高的精度，对于较大的数据集也可获得相当的性能。

4.3.3 样本划分

一些研究人员认为经典的集成技术（如 Boosting 算法和 Bagging 算法）对巨型数据集存在局限性，理由是数据模型有可能成为一个瓶颈[Chawla, et al. (2004)]。同时，研究人员提出将原始数据集划分为随机的、分裂的子区域不仅能够克服记忆容量过载的问题，还可以导致一个多样化的和精确的分类器构成的集成，每个分类器从一个分裂的划分上产生，但对全体数据进行处理。这种技术能够以子采样不可能的做到的方式来提高性能。最近，研究人员提出了一个框架，在一个分布环境中利用原始数据集的小的子集来构建数千个分类器[Chawla, et al. (2004)]。Christmann 等人[Christmann, et al. (2007)]提出的鲁棒位学习算法（Robust Learning from Bites，RLB）也是基于大型数据集的集成算法。

聚类技术可用于样本的划分。聚类的目的是将数据示例划分为一种小的子集，要求将类似的示例划分到同组，而将不同的示例划分到不同组。因此，示例以一种有效的方式被组织起来，并能够表达采样种群的特征。正式地，聚类结构可表示为 S 的一组子集 $C = C_1, C_2, \cdots, C_k$ ，且满足 $S = \bigcup_{i=1}^{k} C_i$ 且 $C_i \cap C_j = \phi, i \neq j$ 。因此，S 中的任何一个示例都当且仅当属于一个子集。

最简单和最通用的算法是应用一个平方误差标准的 K-均值算法。算法将数

据划分为 K 个聚类$\left(C=C_1,C_2,\cdots,C_k\right)$，每个聚类由其中心或均值表示。每个聚类的中心通过该聚类中所有示例的均值计算得到。CBCD（基于聚类的同时解构）算法[Rokach, et al. (2005)]首次利用 K-均值聚类算法对示例空间进行聚类。然后，利用聚类产生子样本集，每个子样本集包含每个聚类中的样本，因此其分布与整个原始数据集是一致的。最后应用一个投票机制来联合分类器的分类结果。实验研究显示 CBCD 算法的性能要优于 Bagging 算法。

Ahn 等人[Ahn, et al. (2007)]对原始数据集随机划分为几个子集，每个分类器从一个不同的子集来诱导的方法特别适用于高维数据集。他们的实验显示对于非平衡数据，这种划分方法在维持敏感性和特异性的平衡方面比其他分类方法更好。

Denison 等人[Denison, et al. (2002)]研究了两种策略来将示例空间划分为分裂的子空间：BPM（贝叶斯划分模型）策略和 PPM（乘积划分模型）策略。研究表明，BPM 不适用于大的训练集或高维输入特征。PPM 适用于好几种情况，尤其是数据集中的大部分特征是非相关的情况，该策略不适用于输入特征存在强相关的情况。

4.4 操控目标属性表示

在这类方法中，不是诱导一个复杂的分类器，而是诱导多个具有不同的并且通常更简单的目标属性表示的分类器。这种操控方法可基于一个原始目标值是聚合（如概念聚合），或更复杂的函数（如函数解构）。

经典的概念聚合利用一个函数来取代原始目标属性，以便新的目标属性的值域小于原始目标属性的值域[Buntine (1996)]。

Anand 等人的文献[Anand, et al. (1995)]提出将 K-分类问题转换为 K 个两分类问题。每个问题考虑一个类别与其他类别之间的判别。Lu 和 Ito [Lu, Ito (1999)]对上面的 Anand 方法进行了扩展，并基于训练数据间的类别关系提出了一个新的方法来操控数据。在该方法中，他们将 K 分类问题转换为一系列 $K(K-1)/2$ 个两分类问题，其中每个两分类问题考虑一个类别与其他类别中的一个类别的判别。作者利用神经网络来验证了这种思想。

一个称为纠错输出编码（ECOC）的通用的概念聚合算法利用一个编码矩阵将一个多类问题分解为多个两类问题[Dietterich, Bakiri (1995)]。用于多类分类的 ECOC 算法的关键是编码矩阵的设计。这部分的详细内容请参考 6.2 节。

Zupan 等人的文献[Zupan, et al. (1998)]提出了一个用于机器学习的通用的函数解构方法。在此方法中，属性以一种迭代的方式转换为新的概念，来产生一个概念的分级。

4.4.1 类标转换

Breiman [Breiman (2000)]提出可利用训练数据的扰动版本产生一个集成，其中训练样本的类标被随机地转换。

利用这种方法产生的分类器对于训练集具有统计意义上的非相关误差。其基本思想是在每次迭代中选择一个不同的样本集，该样本集中的类标被随机地变换为一个不同的类标。

与[Breiman (2000)]不同，Martinez-Munoz 和 Suarez 的文献[Martinez-Munoz, Suarez (2005)]提出每个训练样本的类标转换概率可保持不变（即独立于原始类标和类别分布）。这就使算法在非平衡数据集中可采用一个较大的转换比率。其研究显示，利用类标转换所得到的具有相当大规模（1000 个分类器左右）的集成可获得较高的精度。这样大规模的集成会减慢整个学习过程，并且在某些情况下会导致系统的内存过载。

图 4.7 给出了类标转换的伪码。在每次迭代中，一些示例的类标被随机地转换。一个示例的类标按照概率 p 进行转换，p 为一个输入参数。如果一个示例的类标确定要进行转换，则其新的类标以同等的概率从其余类标中进行选择。

类别标识切换

已知：I 为基诱导器；T 为迭代次数；S 为原始训练集；p 为标识切换的比率。

1: **for** $t=1$ to T **do**;
2: $S'=S$ 的一个副本；
3: **for** 在 S' 中的每个 $\langle x,y\rangle$ **do**;
4: $R=$ 一个新的随机数；
5: **if** $R<P$ **then**;
6: 从 $\mathrm{dom}(y)$ 中随机选择一个新的不同于 x 的原始类别的类别标识 y'；
7: 将 x 的类别标识改为 y'；
8: **end if**;
9: **end for**;
10: $M_t=I(S')$；
11: **end for**。

图 4.7 类别标识切换算法

4.5 划分搜索空间

在这种方法中，集成中的每个成员探测搜索空间中的一个不同的部分。因此，原始示例空间可划分为多个子空间。每个子空间是相互独立的，并且整个模型是由这些简单模型形成的一个联合体（可能是软的）。

在应用这种方法时，首先要确定各子空间是否有重叠。一种极端的情况是，原始问题被分解为多个互斥的子问题，每个子问题由一个专门的分类器来求解。在这种情况下，分类器对于输入空间的不同部分可能在性能上会差别很大[Tumer, Ghosh (2000)]。另一种极端的情况是，每个分类器都用来求解同样的原始任务。在这种情况下，“如果各分类被适当的选择和训练，则它们在问题空间的所有区域的性能将是相当的[Tumer, Ghosh (2000)]。”然而，通常各子空间具有软边界，即子空间可以相互重叠。

对于搜索空间的操控存在两种主要的方法：划分和竞争的方法以及基于特征子集的集成方法。

4.5.1 划分和竞争法

在神经网络的应用领域，Nowlan 和 Hinton [Nowlan, Hinton(1991)]提出了专家混合（ME）方法，该方法将示例空间划分为多个子空间，并且对每个专家（分类器）赋予一个不同的子空间。ME 中的子空间具有软边界（即允许子空间重叠）。一个门网络对专家级输出进行联合并产生一个合成的决策。Jordan 和 Jacobs 的文献[Jordan, Jacobs (1994)]提出了一个专家混合的扩展版本，称为分级专家混合（HME）。此方法将原始示例空间分解为子空间，然后再迭代地将每个子空间分解为更小的子空间。

一些研究人员利用聚类技术来划分示例空间[Rokach, et al. (2003)]。其基本思想是，利用 K-均值聚类算法将示例空间划分为互斥的子空间。对实验结果的分析显示这种方法很适宜于数字输入特征，并且其性能受到数据集规模和同质性的影响。

NBTree 算法[Kohavi (1996)]是一个示例空间解构方法，该方法诱导一个决策树和一个朴素贝叶斯分类器。为了诱导一个 NBTree 算法，示例空间按照特征值被迭代地进行划分。迭代划分的结果是一个决策树，其终节点是朴素贝叶斯分类器。由于终节点应用了一个朴素贝叶斯分类器，所以这个综合分类器可以将一个超级矩形区域内的两个示例分为不同的类，NBTree 算法比一个纯粹的决策树更加灵活。最近，Cohen 等人[Cohen, et al. (2007)]对 NBTree 算法的思想进行了推广，并且将决策树框架用于空间解构。按照这个框架，原始示例空间被分级地划分为多个子空间，并且将一个清晰分类器（如神经网络）配置给每个子空间。然后，一个未标识的、先前未出现的示例通过该示例所属子空间的分类器来进行分类。

Altincay [Altincay (2007)]提出了将基于集成的模型应用于节点的方法，其中每个节点考虑利用一个多模型来进行决策。集成成员通过对模型参数和输入特征进行扰动来产生。在应用多层感知器（MLP）集成模型中，考虑了线性多元感知器和 Fisher 线性判别类型的模型。第一个节点是根节点，其中的数据是整个数据集。然后算法利用随机映射来产生一个分类器的集成。然而，在随机子空间方法中，一些基分类器的精度是不足的，因为某些特征也许与学习目标是不相关的。为了避免这种现象，算法选择精度最高的前3个分类器来进行集成。训练示例到达某个节点后，按照多数投票策略的集成分类被划分为多个分支。然后，算法在每个分支进行迭代运行。当示例在当前节点的数目低于某个阈值时，算法停止。这种方法的一个主要优点是它以一种有效的方式，仅处理少量的到达接近叶的节点的训练样本。通过在多个数据集和3种模型上的实验表明，这种方法能够比单个节点获得更好的分类精度，即使只用一种模型来产生集成个体，也可以得到相同的结论。

划分和竞争法包括许多其它的特定方法，如局部线性回归、CART/MARS、自适应子空间模型等[Johansen, Foss (1992); Ramamurti, Ghosh (1999)]。

4.5.2 基于特征子集的集成方法

另一种不太常用的操控搜索空间的策略是操控输入特征集。基于特征子集的集成方法是通过操控输入特征集来创建集成个体的一类方法。其思想是对每个分类器给定一个训练集的不同映射。Tumer 和 Oza [Tumer, Oza (2003)]认为基于特征子集的集成方法利于对高维数据集创建分类器，而且可以避免前面提到的特征选择的缺点。另外，由于这种方法减小了分类器间的相关性，所以可以提高分类性能。Bryll 等人[Bryll, et al. (2003)]也验证了数据集规模的减小必然加快分类器诱导的速度。特征子集可避免类表示性不强的缺点，这在示例子集方法，如 Bagging 算法中经常出现。有3种流行的策略用于创建基于特征子集的集成：即基于随机的、基于缩减的和基于集体性能的策略。

4.5.2.1 基于随机的策略

创建基于特征子集的集成的最直接的技术是基于随机选择的方法。Ho[Ho (1998)]利用随机子空间来创建决策树森林。该方法通过伪随机选择特征子集系统的构建集成。训练示例被映射到每个子集，并利用映射过的训练样本构建一个决策树。此过程被重复多次来创建决策树森林。个体树的分类结果通过对在叶节点上的每个类的条件概率（分布和）的平均值来进行联合。Ho 的研究表明特征子集的简单的随机选择可能是一项有效的技术，因为集成成员的多样性弥补了其精度上的不足。另外，随机子空间方法在训练示例的数目与特征数相当时，是有效的。

Bay[Bay (1999)]提出了一个 MFS 方法，利用简单的投票来对多个 KNN（K 近邻）分类器的输出进行联合，每个分类器仅使用原始特征集的一个随机子集。每个分类器使用的特征数相同。这一过程与随机子空间方法类似。

Bryll 等人[Bryll, et al. (2003)]提出了一个联合特征随机子集的方法，名为特征 Bagging 算法（AB）。AB 首先在特征子集维数中随机搜索一个合适的子集规模。然后随机选择特征子集，并创建训练集的映射，以便对分类器进行训练。

Tsymbal 和 Puuronen 的文献[Tsymbal, Puuronen (2002)]提出了一个在随机特征子集中构建简单贝叶斯分类器的集成的技术，用于改进在医学方面的应用。

4.5.2.2 基于缩减的策略

一个缩减可定义为最小的特征子集，该子集与整个特征集具有相同的预测能力。由定义可知，利用缩减创建的集成的规模限定到特征的维数以下。通过联合多个缩减来构建分类器集成的技术有多个分支。Wu 等人[Wu, et al. (2005)]提出了 Worst-attribute-drop-first 算法，该算法首先获得一个缩减的集合，然后利用相互贝叶斯对其进行联合。Bao 和 Ishii[Bao, Ishii (2002)]提出了利用缩减联合多个 K 近邻分类器的思想，并将其用于文本分类。Hu 等[Hu, et al. (2005)]提出了多项技术来构建决策树森林，其中每棵树利用一个不同的缩减来创建。不同树的分类结果通过一个投票机制进行联合。

4.5.2.3 基于集体性能的策略

Cunningham 和 Carney [Cunningham, Carney (2000)]提出了一个集成特征选择策略，该方法随机地构建初始集成。然后，利用一个基于爬山搜索的迭代精炼过程提高基分类器的精度和多样性。对于所有的特征子集，通过一个决策机制对每个特征进行选择（包含或排除）。如果所得到的特征子集在验证集上可获得更好的性能，则其变化被保留。此过程一直持续到性能不再提高为止。与此方法类似，Zenobi 和 Cunningham[Zenobi, Cunningham (2001)]提出不同特征子集的搜索不仅与误差相关，而且也与集成成员间的差异性相关。

Tumer 和 Oza [Tumer, Oza (2003)]提出了一个新的方法，名为输入抽取（ID），该方法基于特征间的相关性和类别标识来选择特征子集。实验研究表明，ID 的性能优于简单的特征子集随机选择方法。

Tsymbal 等人[Tsymbal, et al. (2004)]比较了几个特征选择方法，这些方法在搜索特征子集的最好集合时，将多样性作为一个分量，整合进适应度函数。该研究显示，对于某些数据集，集成特征选择方法对于多样性度量的选择可能比较敏感。另外，不存在一种度量优于其他所有度量。

Gunter 和 Bunke [Gunter, Bunke (2004)]提出了一种特征子集搜索算法，可以从给定的特征中发现不同的特征子集。这种特征子集搜索算法不仅考虑集成的性能，而且直接支持特征子集的多样性。

一些文献将遗传算法与集成特征选择相结合来提升其性能。Opitz 和 Shavlik [Opitz, Shavlik (1996)]将遗传算法用于基于知识的神经网络的集成中，该算法对网络的隐层节点特别设计了一个遗传算子。在后续的研究中，Opitz [Opitz (1999)]将遗传搜索用于集成特征选择。遗传集成特征选择（GEFS）策略首先创建一个新分类器的初始种群，其中每个分类器由随机选择的一个不同的特征子集来产生。然后新的候选分类器通过在特征子集上进行遗传交叉和变异运算来持续地产生。最终的集成由最适宜的分类器组成。类似地，Hu 等人[Hu, et al. (2005)]利用遗传算法来选择包含在最终集成中的缩减特征集，在算法中首先产生 N 个缩减特征集，然后用这些缩减特征集来训练 N 个决策树。最后利用遗传算法来选择 N 个决策树，组成最终的决策树森林。

4.5.2.4 特征集划分

划分意味着将原始训练集分隔个多个小的训练集。在每个子样本集上训练一个不同的分类器。所有的分类器被构建完后，再通过某种形式对其进行联合[Maimon, Rokach (2005)]。存在两种方式来对原始训练集进行划分：水平划分和垂直划分。在水平划分中，原始原始数据集被划分为多个数据集，每个数据集与原始数据集的特征数相同，并且包含原始数据集的一个示例子集。在垂直划分中，原始数据集划分为多个数据集，每个数据集与原始数据集的示例数相同，并且包含原始数据集的一个特征子集。

为了说明划分的思想，可以回顾表 1.1 中的训练集，该训练集包含鸢尾花数据集的一部分。这是在模式识别文献中最为著名的一个数据集。其目的是将鸳尾花按照其特征分为不同的子类。数据集包括 3 个类别，相应于 3 种类型的鸳尾花：$\mathrm{dom}(y)=\{\mathrm{IrisSetosa},\mathrm{IrisVersicolor},\mathrm{IrisVirginica}\}$。每个模式由 4 个特征来表达（单位为厘米）：$A$={萼片长度，萼片宽度，花瓣长度，花瓣宽度}。表 4.1 和表 4.2 分别展示了鸢尾花数据集互斥的水平和垂直划分。需注意的是，虽然是互斥的，类别属性必须包括在每个垂直划分当中。

表 4.1 鸢尾花数据集的水平划分

萼片长度	萼片宽度	花瓣长度	花瓣宽度	类别（Iris 类型）
5.1	3.5	1.4	0.2	Iris-setosa
4.9	3.0	1.4	0.2	Iris-setosa
6.0	2.7	5.1	1.6	Iris-versicolor
5.8	2.7	5.1	1.9	Iris-virginica
5.0	3.3	1.4	0.2	Iris-setosa
5.7	2.8	4.5	1.3	Iris-versicolor
5.1	3.8	1.6	0.2	Iris-setosa

表 4.2 鸢尾花数据集的垂直划分

花瓣长度	花瓣宽度	类别（Iris 类型）	萼片长度	萼片宽度	类别（Iris 类型）
1.4	0.2	Iris-setosa	5.1	3.5	Iris-setosa
1.4	0.2	Iris-setosa	4.9	3.0	Iris-setosa
5.1	1.6	Iris-versicolor	6.0	2.7	Iris-versicolor
5.1	1.9	Iris-virginica	5.8	2.7	Iris-virginica
1.4	0.2	Iris-setosa	5.0	3.3	Iris-setosa
4.5	1.3	Iris-versicolor	5.7	2.8	Iris-versicolor
1.6	0.2	Iris-setosa	5.1	3.8	Iris-setosa

垂直划分（也称为特征集划分）是基于子集特征集成的特例，其中的子集两两不相交的。同时，特征集划分泛化了特征选择任务，该任务专注于提供一个单一的特征集表示，并由其来构建一个分类器。另外，特征集划分将原始特征集解构为多个子集，并利用一个子集来构建一个分类器。这样，在训练分类器时，每个分类器的训练数据集都是原始数据集的一个不同的子集。然后，一个未标识示例通过所有分类器的分类结果的合成来进行分类。

多个研究人员指出，划分方法适宜于大特征数的分类任务[Rokach (2006); Kusiak (2000)]。基于集成的特征子集的搜索空间包含了特征集划分的搜索空间，而后者又包含了特征选择的搜索空间。

在现有的文献中，有多项工作都论及了特征集的划分。在一项研究中，依照特征类型来对其进行分组：语义型特征、数值型特征和文本型特征[Kusiak (2000)]。一个类似的方法可用来改进线性贝叶斯分类器[Gama (2000)]。其基本思想是将特征聚集成两个子集：第一个子集仅包括语义特征，第二个子集仅包括连续型特征。

在另一项研究中，特征集按照任务类别进行分解[Tumer, Ghosh (1996)]。对于每个类别，与该类别相关度低的特征被移除。该方法应用于 25 个声纳信号的特征集，其任务是分辨声音的种类（鲸、裂冰等）。

特征集解构可通过基于成对互信息的特征分组来实现，该方法是将统计意义上类似的特征分为同一组[Liao, Moody (2000)]。为达到此目的，首先可以利用现有的分级聚类算法，因而，可从每个分组中选择一个特征来产生多个特征子集。其次，基于每个子集来构建一个神经网络。最后对所有的网络进行联合。

在统计学文献中，著名的特征导向型集成算法是 MARS 算法[Friedman (1991)]。在该算法中，利用线性样条和其张量积逼近一个多重回归函数。研究结果显示，该算法的性能要优于 ANOVA 解构，即回归函数被表示为多个和的总计。第一个和是所有仅涉及一个特征的基函数；第二个和是涉及两个特征的基函数，表示两个变量（如果存在）的相互作用；第三个和表示 3 个变量（如果存在）相互作用的贡献等。在最近的一项研究中，提出了多个方法来联合不同的特征选择结果[Chizi, et al. (2002)]。实验结果显示，联合不同的特征选择方法可显著地提高结果精度。

EROS（集成粗集子空间）算法是一种基于粗集的特征缩减算法[Hu, et al. (2007)]。该算法利用一个精度驱动的前向搜索策略顺序地诱导基分类器。每个基分类器通过一个原始数据集不同的缩减子集进行训练。然后利用一个后删减策略除无用的基分类器。实验表明，EROS 在精度和集成系统的规模上要优于 Bagging 算法和随机子空间方法。

Rokach 和 Maimon 的文献[Rokach, Maimon (2005b)]提出了一个通用的框架搜索有益的特征集划分结构。这个框架涵盖了许多算法，文献对其中的两个算法通过一组标准数据集进行了测试实验。研究显示，该算法的特征集解构可提高决策树的精度。最近，遗传算法被成功地应用于特征集的划分[Rokach

(2008a)]。在该文献中，遗传算法采用了一种新的编码策略和一个 Vapnik-Chervonenkis 维界来评价适应度函数。该算法还提出了一个缓存机制来加速运行过程并且避免产生相同的分类器。

4.5.2.5 旋转森林

旋转森林是一种集成生成方法，可用于构建精确并且多样性的分类器 [Rodriguez (2006)]。其主要思想是对特征子集应用特征提取，以便为集成中的每个分类器重构一个完整的特征集。旋转森林集成可产生比 AdaBoost 算法和随机森林更精确的基分类器，并且其多样性比 Bagging 算法更好。之所以选择决策树作为基分类器，是因为它们对特征坐标轴的旋转非常敏感，并且保留了很高的精度。特征提取采用的是主成分分析（PCA），这是一种很有价值的多样性启发式算法。

图 4.8 给出了旋转森林的伪码。在构建这 T 个基分类器时，首先将特征集划分为 K 个大小为 M 的互不相交的子集 $F_{i,j}$，对于每个子集，随机地选择一个类别的非空子集，并且应用自举式采样，以包含原始数据集中 3/4 规模的样本。然后，仅对 $F_{i,j}$ 和选择的类别子集中的特征应用 PCA。所获得的主成分因子 $a_{i,1}^{1}, a_{i,1}^{2}, \cdots$ 用来产生疏松的"旋转"矩阵 R_i。最后，利用 S 个 R_i 来训练基分类器 M_i。为了对一个示例进行分类，对所有分类器计算每个类别的信任度，然后将示例的类别配置为信任度最大者。

旋转森林算法

已知: I 为基诱导器；S 为原始训练集；T 为迭代次数；K 为子集的数目。

1: **for** $t=1$ to T **do**;

2: 将特征集划分为 K 个子集：$F_{i,j}\left(for\ j=1,2,\cdots,K\right)$；

3: **for** $j=1$ to K **do**;

4: 令 $S_{i,j}$ 为 S 中特征集 $F_{i,j}$ 所对应的数据集；

5: 从 $S_{i,j}$ 中随机排除一个类别子集；

6: 从 $S_{i,j}$ 中选择自举样本，形成规模为 $S_{i,j}$ 的 75%的新集合，表示为 $S'_{i,j}$；

7: 对 $S'_{i,j}$ 应用 PCA，获得矩阵因子 $C_{i,j}$；

8: **end for**

9: 在一个旋转矩阵 $\boldsymbol{R}_i$ 中，重新排列 $C_{i,j}$，其中 $j=1$ to K，如下式所示：

$$\boldsymbol{R}_i=\begin{bmatrix} a_{i,1}^{(1)},a_{i,1}^{(2)},\cdots,a_{i,1}^{(M_1)} & [0] & \cdots & [0] \\ [0] & a_{i,2}^{(1)},a_{i,2}^{(2)},\cdots,a_{i,2}^{(M_2)} & \cdots & [0] \\ \vdots & \vdots & \ddots & \ddots \\ [0] & [0] & \cdots & a_{i,k}^{(1)},a_{i,k}^{(2)},\cdots,a_{i,k}^{(M_k)} \end{bmatrix};$$

10: 通过重新排列 $\boldsymbol{R}_i$ 中的列来重构 $\boldsymbol{R}_i^a$，以匹配 F 中的特征的顺序；

11: **end for**;

12: 利用 $\left(SR_i^a,X\right)$ 作为训练集构造分类器 M_i。

图 4.8 旋转森林算法

Zhang 和 Zhang[Zhang, Zhang (2008)]提出了一种联合旋转森林和 AdaBoost 算法的 RotBoost 算法。RotBoost 算法可获得比这两种算法更低的预测误差。RotBoost 算法如图 4.9 所示。在每次迭代中，都产生一个新的旋转矩阵，并用来产生一个数据集。然后在此数据集上利用 AdaBoost 算法产生集成。

RotBoost 算法

已知：I 为基诱导器；S 为原始训练集；K 为特征子集的数目；T_1 为旋转森林的迭代次数；T_2 为 AdaBoost 的迭代次数。

1: **for** $s=1,2,\cdots,T_2$ **do**；

2: 利用旋转森林中类似的步骤来计算旋转矩阵 $\boldsymbol{R}_s^a$，并令 $\boldsymbol{S}^a=\left[\boldsymbol{X}\boldsymbol{R}_s^a\boldsymbol{Y}\right]$ 作为分类器 C_s 的训练集；

3: 对 $\boldsymbol{S}^a$ 的权分布按照下式进行初始化：$D_1(i)=1/N\left(i=1,2,\cdots,N\right)$；

4: **for** $t=1,2,\cdots,T_2$ **do**；

5: 按照分布 D_t，以替换法完成 N 次随机的抽取，以组成新的集合 S_t^a；

6: 对 $\boldsymbol{S}_t^a$ 应用 I 来训练一个分类器 C_t^a，然后按下式计算 C_t^a 的误差

$\varepsilon_t=\Pr_{i\sim D_t}\left(C_t^a(x_i)\neq y_i\right)=\sum_{i=1}^{N}\mathrm{Ind}\left(C_t^a(x_i)\neq y_i\right)D_t(i)$；

7: **if** $\varepsilon_t>0.5$ **then**；

8: 设置 $D_t(i)=1/N\left(i=1,2,\cdots,N\right)$ 并连续进入下次循环；

9: **end if**；

10: **if** $\varepsilon_t=0\rangle$ **then**；

11: 设置 $\varepsilon_t=10^{-10}$；

12: **end if**；

13: 选择 $\alpha_t>\frac{1}{2}\ln\left(\frac{1-\varepsilon_t}{\varepsilon_t}\right)$；

14: 按下式更新 S^a 上的分布 D_t，即

$D_{t+1}(i)=\frac{D_t(i)}{Z_t}\times\begin{cases}\mathrm{e}^{-\alpha_t}, if\ C_t^a(x_i)=y_i\\ \mathrm{e}^{\alpha_t}, if\ C_t^a(x_i)\neq y_i\end{cases}$，其中 Z_t 是一个归一化因子，以使得 D_{t+1} 符合 S^a 上的一个概率分布；

15: **end for**；

16: **end for**。

图 4.9 RotBoost 算法

4.6 多类型诱导器

在多类型诱导器策略中，可通过不同类型的诱导器来获得多样性[Michalski, Tecuci (1994)]。每个诱导器包含一个清晰或隐含的偏置项，以使其具有某种泛化性能。在理想情况下，多诱导器策略的性能总是可与最好的集成算法性能相当。并且更具雄心地说，这种联合框架可以产生协同效应，使其性能可达到单诱导器方法不可能达到的高度。

在这一领域的大多数研究，都是将经验方法与分析方法相结合（可参考文献

[Towell, Shavlik(1994)]。Woods 等人[Woods, et al. (1997)]联合了 4 种类型的诱导器（决策树诱导器、神经网络诱导器、*K* 最近邻诱导器和二次贝叶斯诱导器）。然后，对于一个新的未标识示例，通过估计特征空间的局部精度来选择合适的分类器。Wang 等人[Wang, et al. (2004)]验证了对一个神经网络集成增加决策树的有效性，该文作者认为增加决策树（不能太多）通常可以提高算法精度。Langdon 等人[Langdon, et al. (2002)]提出可利用遗传规划搜索一个合适的规则，用于决策树与神经网络的联合。

Brodley [Brodley (1995b)]提出了模型类选择（MCS）系统。MCS 采用三种分类方法之一（决策树、判别函数或基于示例的方法），将不同的分类器分配到不同的示例子空间。为了选择分类方法，MCS 利用了强化训练集的特性，并采用了一个专家规则集。Brodley 的专家规则集是基于算法性能的经验比较（先验知识）得出来的。

NeC4.5 算法将决策树与神经网络进行联合[Zhou, Jiang (2004)]。首先，训练一个神经网络集成。然后，通过将原始训练样本的类别标识替换为训练好的集成的输出产生一个新的训练集，并通过训练好的集成产生一些额外的训练样本，添加到新的训练集中。最后，从这个新的训练集来产生一个 C4.5 算法决策树。由于该算法的学习结果是决策树，NeC4.5 算法的易理解性要好于神经网络集成。

采用多个诱导器可以解决“没有免费的午餐”理论所带来的难题。该理论认为某个单一的诱导器仅当其偏置项与应用领域的特点相匹配时才会成功[Brazdil, et al. (1994)]。因此，对于某个应用，研究人员需要确定使用哪种诱导器。采用多诱导器集成可以避免对每种诱导器都尝试一遍，并且可简化整个过程。

4.7 多样性度量

综上所述，通常假设增加多样性或许会减小集成误差[Zenobi, Cunningham (2001)]。对于回归问题，通常采用偏差来度量多样性[Krogh, Vedelsby (1995)]。在这种情况下，可以很容易看到，集成误差会随着集成多样性的增加而减小，前提是单个模型的平均误差不变。

对于分类问题，需要采用更为复杂的度量来评价集成的多样性。已有多项研究给出了针对分类任务的多样性度量。

在神经网络的文献中，有两种方法可以度量多样性。

（1）分类有效范围：如果一个分类器可正确分类，其涵盖的示例范围。

（2）一致误差：当超过一个成员对一个给定示例误分类时，分类器中存在的一致误差。

基于以上两种度量，Sharkey [Sharkey and Sharkey (1997)]定义了 4 种多样

性水平：

（1）水平 1——不存在一致误差，并且分类函数被成员的多数投票完全覆盖。

（2）水平 2——一致误差也许存在，但是分类函数被成员的多数投票完全覆盖。

（3）水平 3——多数投票并不总是能够对一个给定的示例正确分类，但是至少一个集成中的成员可对其正确分类。

（4）水平 4——函数并不总是被集成成员所覆盖。

Brown 等人[Brown, et al. (2005)]指出以上 4 种水平策略没有提供明确的指示，说明所配置的多样性水平所描述的误差行为具有多大程度的典型性。当集成对于示例空间的不同子集显示出不同的多样性水平时，这一结论尤其明显。

Brown 等人的文献[Brown, et al. (2005)]提出了另一些定性的度量将这些度量分为两种类型：成对的和非成对的。成对的度量计算集成中所有可能的成对成员之间的一种专门距离度量的平均，例如 Q-统计[Brown, et al. (2005)] 或者 Kappa-统计[Margineantu, Dietterich (1997)]。非成对度量或者利用熵的思想（[Cunningham, Carney (2000)]），或者计算每个集成成员平均输出结果的一个相关统计量。通过对多个多样性度量的比较研究表明，大多数度量是相关的[Kuncheva, Whitaker (2003)]。

Kuncheva 和 Whitaker 的文献[Kuncheva, Whitaker (2003)]将多样性度量分为两种类型：成对多样性度量和非成对多样性度量。在此，讨论成对多样性度量。对于一个包含 n 个分类器的集成，总的成对多样性度量等于所有 $n\cdot(n-1)/2$ 个成对分类器的成对多样性度量的平均数：$F_{\text{Total}}=\dfrac{2}{n(n-1)}\sum\limits_{\forall i\neq j}f_{i,j}$，式中 $f_{i,j}$ 为两个分类器输出 i 和 j 的类似性或多样性。Kuncheva 和 Whitaker 的文献[Kuncheva, Whitaker (2003)]发现下面两个多样性度量是有用的：

（1）不一致度量可以定义为一个比率，即一个分类器正确而与其对应的分类器不正确的示例数目与示例总数的比率，即 $\text{Dis}_{i,j}=\dfrac{m_{\bar{i}j}+m_{i\bar{j}}}{m_{\bar{i}j}+m_{i\bar{j}}+m_{ij}+m_{\bar{i}\bar{j}}}$，$m_{ij}$ 为两个分类器 i 和 j 都分类正确的示例的数目，$m_{\bar{i}\bar{j}}$ 为两个分类器都错误的示例数目。类似地，$m_{\bar{i}j}$ 和 $m_{i\bar{j}}$ 为一个分类器正确而其对应分类器不正确的示例数目。

（2）双误度量可定义为两个分类器都错误的比率，即 $\text{DF}_{i,j}=\dfrac{m_{\bar{i}\bar{j}}}{m_{\bar{i}j}+m_{i\bar{j}}+m_{ij}+m_{\bar{i}\bar{j}}}$。

除了多样性度量，可以补充利用下面的类似性度量。

（1）在-1～1 之间变化的 Q 统计，其定义为 $Q_{i,j}=\left(m_{ij}\cdot m_{\bar{i}\bar{j}}-m_{\bar{i}j}\cdot m_{i\bar{j}}\right)/$

$\left(m_{ij} \cdot m_{\bar{i}\bar{j}} + m_{\bar{i}j} \cdot m_{i\bar{j}}\right)$。正值显示两个分类器是相关的（即二者可能对相同的示例正确分类）。接近于 0 的值说明这两个分类器是相互独立的。

（2）相关因子 ρ - ρ 度量非常类似于 Q 度量。它与 Q 度量具有相同的分子。另外，它与 Q 的符号一致，但其值不会大于相应的 Q 度量，即

$$\rho_{i,j} = \frac{\left(m_{ij} \cdot m_{\bar{i}\bar{j}} - m_{\bar{i}j} \cdot m_{i\bar{j}}\right)}{\sqrt{\left(m_{ij} + m_{i\bar{j}}\right) \cdot \left(m_{ij} + m_{\bar{i}j}\right) \cdot \left(m_{\bar{i}\bar{j}} + m_{i\bar{j}}\right) \cdot \left(m_{\bar{i}\bar{j}} + m_{\bar{i}j}\right)}}$$

Kuncheva 和 Whitaker 的文献[Kuncheva, Whitaker (2003)]指出这些度量是强烈相关的。对于特定的实际的分类任务，这些度量也许表现会有所不同，因此它们可用作一个互补集。然而，Kuncheva 和 Whitaker 的文献[Kuncheva, Whitaker (2003)]没能发现这些度量间的确切的联系并提高算法精度。因此，他们指出多样性度量在构建分类器集成时是否具有实际的价值并不是很清楚。

Tang [Tang (2006)]解释了多样性度量和边界概念之间的关系，后者与集成学习算法的成功密切相关。他们给出了一致的条件用于最大化集成的多样性和最小边界，并且从理论上和实验上证明了多样性对于构建具有好的泛化性能的集成是无效的。Tang 的文献[Tang (2006)]详述了以下 3 种原因。

（1）关于是否一个基分类器的集合可以提供低的泛化误差，多样性度量的改变并不提供一致性的向导。

（2）现存的多样性度量与基分类器的平均精度是相关的，因此它们并没有对精度提供任何新的信息。

（3）大多数多样性度量没有正则项，因此即使我们最大化其值，也许会造成集成的过拟合。

第5章　集成选择

5.1　集成选择

集成方法一个重要的问题是确定基分类器的个数。

集成选择也称为集成删减或缩减，其目的是减小集成的规模。减小集成规模的原因主要在于两个方面：① 减小计算负载：较小的集成所需的计算负载更小；② 提高精度，因为集成中的某些成员或许会降低整个集成的预测精度。删减这些成员可能会提高精度。需注意的是，在某些情况下，缩减会造成集成过拟合[Mease, Wyner (2008)]问题。

存在以下几个因素来确定集成的规模。

（1）期望精度——在大多数情况下，对于减小误差的需求而言，包含 10 个分类器的集成就足够了。然而，实验表明：对于采用决策树的 AdaBoost 算法，甚至相对较大的包含 25 个分类器的集成仍会实现误差的减小[Opitz, Maclin (1999)]。在互不相交的划分方法中，也许在子集个数和最终精度之间存在某种平衡。每个子集的规模不能太小，因为要产生一个有效的分类器，在学习过程中就必须要有一定数目的数据。

（2）计算代价——增加分类器的个数通常会增加计算代价，并且会减小算法的可解释性。因此，用户需要设置参数以预先确定集成的规模。

（3）分类问题的性质——在某些集成方法中，分类问题的性质可决定分类器的个数。

（4）可用的处理器的个数——在独立的方法中，可用于并行学习的处理器的个数可作为并行过程中分类器个数的上限。

正如下面章节所述，存在 3 种确定集成规模的方法。

5.2　集成规模的预选取

这是确定集成规模最简单的方法。许多集成算法有一个控制参数，如“迭代次数”，可由用户设置。如 Bagging 算法就属于这类。在另一些情况下，分类问题的性质决定着成员的数目（如 ECOC）。

5.3 训练阶段集成规模的选择

有些集成算法在训练过程中确定最佳的集成规模。通常当一个新的分类器被添加到集成中时，先检查是否最新的分类器会显著地提升集成的性能，如果不是，则算法停止。通常这类算法有一个控制参数，以限定集成的最大规模。

随机森林算法采用离袋（out-of-bag，oob）程序获得一个测试集误差的无偏估计[Breiman (1999)]。最近，Banfield 等人的文献[Banfield, et al. (2007)]研究了采用离袋误差估计来确定分类树的数目的有效性。首先，该算法采用一个滑动窗来对离袋误差图进行光滑处理，以减小方差。然后，算法在光滑数据点上采用一个较大的窗，并确定该窗内最大的精度。算法持续进行，直到在一个特定的窗内的最大精度不再增加为止。这时，达到算法停止条件，并返回该窗内具有最大原始精度的集成。研究表明，离袋算法对于采用 Bagging 算法策略构建集成的方法而言，可获得一个精确的集成规模。

Mease 和 Wyner 的文献[Mease, Wyner (2008)]指出，采用停止规则也许在某些情况下是有害的，因为如果少数迭代之后发生过拟合，算法就会停止，尽管事实上在增加更多的基分类器之后算法会获得最好的性能。

5.4 删减——集成规模的后选择

在决策树诱导中，有时令集成自由生长，然后再对其进行删减以获得更有效和致密的集成是有用的。集成规模的后选择可在以下性能指标上对集成进行优化：精度、交叉熵、均值预测和 ROC 等。实验表明，删减法集成可获得与原始集成类似的精度[Margineantu, Dietterich (1997)]。为了理解集成规模对于集成精度和多样性的影响，研究人员进行了另一项实验研究，结果表明，保留较小的集成规模以实现与原始集成类似的精度和多样性是可行的[Liu, et al., 2004]。

集成删减问题是发现最好的子集，以便所选择的分类器的联合具有最高的精度。因此该问题可用数学语言描述为

给定一个集成 $\Omega=\{M_1,M_2,\cdots,M_n\}$，一种联合方法 C，以及在带标识的示例空间中，服从分布 D 的训练集 S，其目标是发现最优子集 $Z_{\text{opt}}\subseteq\Omega$，以实现对 Z_{opt} 中的分类器采用方法 C 进行联合的分类结果在 D 分布下的泛化误差的最小化。

需注意的是，假设集成是事先给定的，因此并不对原始集成的组成进行改进。

研究表明，删减法对于多样性高的集成的影响是非常显著的[Margineantu,

Dietterich(1997)]。Boosting 算法利用每次迭代中训练集的不同部分产生多样性的分类器[(Zhang, et al., 2006)]。具体来说，利用最为流行的方法来产生集成：Bagging 算法和 AdaBoost 算法。Bagging 算法[Breiman, 1996]应用自举式采样来产生多个训练集，并在每个训练集上训练一个分类器。需要注意的是，由于采用的是替换采样，一些原始示例也许会在同一个训练集中出现多次，而某些示例也许根本就不会出现。在对分类器的结果进行预测时经常采用多数投票法。AdaBoost 算法[Freund, Schapire (1996)]顺序构建一系列的分类器，其中被一个分类器错误分类的示例在后续分类器的训练中会获得一个更高的权值。分类器的预测结果通过加权投票法进行联合，其中的权值基于每个分类器的训练误差，由算法本身确定。具体而言，分类器 i 的权值可由下式确定，即

$$\alpha_i = \frac{1}{2}\ln\left(\frac{1-\varepsilon_i}{\varepsilon_i}\right) \tag{5.1}$$

式中：ε_i 为分类器 i 的训练误差。

集成删减问题类似于著名的特征选择问题。只不过选择的是集成成员，而不是特征[Liu, et al, (2004)]。这样就可采用基于相关的特征选择方法[Hall, (2000)]来处理当前的问题。CFS 比较适用于当前的问题，因为在许多集成中，许多基分类器是相关的。

在早期关于删减集成的研究中，其目的是采用一个较小规模的集成来获得与一个 Boosted 集成相当的性能。这被证明是一个 NP-难问题，并且很难逼近[Tamon, Xiang (2000)]，并且删减法也许会牺牲最终集成的泛化性能。在 Zhou 提出“many-could-be-better-than-all”理论[Zhou, et al. (2002)]之后，人们普遍认为可能获得一个更小但强健的集成。这就出现了许多新的集成删减方法。Tsoumakas [Tsoumakas (2008)]建议将各种集成选择方法组织成以下类型：①基于选择的，②基于聚类的，③基于排序的，④其他类型。

5.4.1 基于排序的方法

该方法的思想是按照某个标准对个体成员进行一次性排序，并按照一个阈值选择高位排序的分类器。例如，Prodromidis 等人[Prodromidis, et al. (1999)]提出按照分类器在一个单独的验证集上的分类性能以及对某个特定类别正确分类的能力对其进行排序。类似地，Caruana 等人[Caruana, et al. (2004)]提出了一个前向步进选择程序从数千个分类器中选择最相关的分类器（最大化集成性能的分类器）。FS-PP-EROS 算法提出了一个粗集子空间的选择性集成[Hu, et al. (2007)]。该算法通过一个精度导向的前向搜索来选择最相关的成员。实验结果显示 FS-PP-EROS 算法在精度和集成规模上要优于 Bagging 算法和随机子空间方法。在特征 Bagging 算法[Bryll, et al. (2003)]中，随机选择的 m 个特征子集的分类精度通过封装方法来进行评价，并且只有高序位子集构建的分类器才参与

到集成投票中。Margineantu 和 Dietterich 的文献[Margineantu, Dietterich (1997)]通过度量所有成对分类器的 Kappa 统计，提出了一个基于集成删减的一致性策略。然后按照其一致性水平的升序来选择成对的分类器，直到达到想要的集成的规模。

5.4.2 基于搜索的方法

这类方法并不对成员进行排序，而是在评价一个候选子集的共同的指标时，在可能的不同的集成子集所构成的空间中完成一个启发式搜索。GASEN 算法的目的就是在一个给定的集成中选择出最合适的分类器[Zhou, et al. (2002)]。在算法的初始阶段，GASEN 对每个分类器配置一个随机权值。然后，利用遗传算法对这些权值进行进化，以使其能够在一定程度上描述加入集成时分类器的适应度。最后，将权值低于一个预先定义的阈值的分类器从集成中移除。Zhou 和 Tang 的文献[Zhou, Tang (2003)]提出了一个 GASEN 算法的改进版本——GASEN-b。在该算法中，不给每个分类器配置一个权值，而是给每个分类器配置一个显示位，表明该分类器是否最终被用在集成中。研究人员通过实验表明，采用训练好的 C4.5 算法决策树作为分类器，由一个选择性集成算法产生的的集成，与非选择性集成算法相比，不仅在规模上更小，并且在泛化能力上要更强。Kim 等人的文献[Kim, et al. (2002)]提出了一个类似的方法。Rokach [Rokach (2006)]建议首先按照其 ROC 指标对分类器进行排序；然后，对由高序位分类器构成的集成子集的性能进行评价，再对子集的规模逐渐增加，直到多个新增个体都对性能提升没有贡献为止。Prodromidis 和 Stolfo 的文献[Prodromidis, Stolfo (2001)]提出了一个基于删减的后向相关算法。其主要思想是将与一个后分类器相关度最小的成员移除掉，该后分类器由所有分类器的输出结果训练得到。在每次迭代中，算法移除一个成员，然后再计算新的简化版的后分类器（由剩余的分类器得到）。在这里，后分类器被用来评价集成的综合性能。Windeatt 和 Ardeshir 的文献[Windeatt, Ardeshir (2001)]比较了多个应用于 Boosting 算法和 Bagging 算法的子集评价方法。特别是对以下的删减方法进行了比较，即：最小误差删减法（MEP），基于误差的删减法（EBP），误差衰减删减法（REP），临界值删减法（CVP）和代价复杂度删减法（CCP）等。结果显示，如果要选择一个单一的删减方法，那么 EBP 就是最好的选择。Zhang 的文献[Zhang, et al. (2006)]将集成删减方法设计为一个二次整数规划问题来搜索一个分类器的子集，以便其具有最优的精度-多样性的平衡。他们利用一个半正定规划（SDP）技术，有效地逼近了最优解，尽管二次问题是一个 NP-难问题。

到底选用哪种方法？Prodromidis 等人认为基于搜索的方法比基于排序的方法能够提供一个更好的分类性能[Prodromidis, et al.(1999)]。然而，基于搜索的方法通常计算代价巨大，因为它们需要搜索一个大的空间。因此，用户需要选择一个合适的搜索策略。另外，用于评价一个单一的候选子集的计算复杂度是与搜索策略相互独立的，并且与训练集中的示例数目至少是线性关系[Tsoumakas, et al. (2008)]对现存进化度量的复杂性分析）。

5.4.2.1 基于一致性的集体集成删减方法

基于一致性的集体集成删减方法（CAP），基于训练数据计算成员——类和成员——成员之间的一致性。成员——类一致性显示多少成员的分类与实际类别一致，而成员——成员的一致性是两个成员的分类结果之间的一致性。具有 n_z 个成员的一个集成子集 Z 的指标可以估计为

$$\text{Merit}_z = \frac{n_z \bar{\kappa}_{\text{cm}}}{\sqrt{n_z + n_z\left(n_z - 1\right)\bar{\kappa}_{\text{mm}}}} \tag{5.2}$$

式中：$\bar{\kappa}_{\text{cm}}$ 为 Z 的成员和类标之间的平均一致性；$\bar{\kappa}_{\text{mm}}$ 为 Z 中成员与成员之间的平均一致性。

式（5.2）源自测试理论。其数学推导[Gulliksen (1950)]源于 Spearman 公式[Spearman (1913)]，该公式用于度量一个包含 n_z 个单元测试的心理学测试的增加有效性因子。后来，它用于人事关系研究，以评估所聚集的专家观点的有效性[Hogarth (1977)]，这类似于本书所提出的问题。按照式（5.2）可以观察到以下特性：

（1）分类器之间的互相关性越低，式（5.2）的指标值越高。

（2）分类器与真实类标之间的相关性越高，式（5.2）的指标值随之增加。

（3）随着集成中分类器数目的增加（假设增加的分类器与原始分类器在与其他分类器和真实类标的平均相互关系上是相同的），指标值随之增加。Hogarth 的文献[Hogarth (1977)]认为，与真实类标具有高相关性的一个大规模的分类器集成同时具有较低的内部成员之间的相关性，然而本文的情况与此不同。

以上的特性显示，从一个集成中移除一个分类器也许是有益的。另外，也没必要对移除的分类器赋予最低的与真实类标的一致性（如果它与其他成员之间具有较低的相关性）。

多个一致性度量可被整合到式（5.2）中。特别是，Kappa 统计可以用来度量公式式（5.2）中的一致性，即

$$\kappa_{i,j} = \frac{\vartheta_{i,j} - \theta_{i,j}}{1 - \theta_{i,j}} \tag{5.3}$$

式中：$\vartheta_{i,j}$ 为使分类器 i 和 j 相互一致的示例与整个训练集的比例；$\theta_{i,j}$ 为任意两个分类器一致的概率。

另外，也可以利用对称不确定性（一个改进的信息增益度量）度量两个成员之间的一致性[Hall (2000)]，即

$$\text{SU}_{i,j} = \frac{H\left(\hat{\boldsymbol{y}}_i\right) + H\left(\hat{\boldsymbol{y}}_j\right) - H\left(\hat{\boldsymbol{y}}_i, \hat{\boldsymbol{y}}_j\right)}{H\left(\hat{\boldsymbol{y}}_i\right) + H\left(\hat{\boldsymbol{y}}_j\right)} \tag{5.4}$$

式中：$\hat{\boldsymbol{y}}_i$ 为分类器 i 的分类结果向量；H 为熵函数。

Kappa 统计和熵度量在早期的集成文献中都有所提及[Kuncheva (2004)]。但是，它们仅被用于度量分类器集成中的多样性。这项研究的创新之处在于，它们整合进集成的指标估计的方式式（5.2）。新算法并不是仅仅对所有成对的分类器的一致性度量 $\bar{\kappa}_{\mathrm{mm}}$ 进行平均，并获得一个全局的成对一致性度量。我们也建议对分类器输出与真实类标之间的一致性度量 $\bar{\kappa}_{\mathrm{cm}}$ 加以考虑。因此，新算法更适用于分类器成员的输出与真实类标具有较大的一致性（更加精确），而在成员内部之间具有较小的一致性的子集成。

从这种意义上来说，所提出的指标度量让我们想起 Breiman 关于随机森林的泛化误差的上界[Breiman (2001)]，该定义可以描述为"关于度量个体分类器的精度和它们的一致性的两个参数"。但是 Breiman 上界仅在理论上是合理的，它并不被认为很严格[Kuncheva (2004)]。另外，它仅是为决策树而设计的。

当搜索空间巨大时（2^n），用最佳第一搜索策略作为首选策略。通过对当前的集成子集作局部的改变来对空间进行搜索。最好的第一搜索策略在初始化的其集成为一个空集，如果搜索路径并没有获得一个改进的指标，搜索策略就返回到先前的一个较有希望的子集，并再次进行搜索。如果连续 5 次迭代都不能获得更好的子集则停止搜索。

所提算法的伪码如图 5.1 所示。算法的输入包括训练集、分类器集成、用于计算一致性度量的方法（如 Kappa 统计）以及搜索策略。首先，计算分类器对训练集中每个示例的输出，即预测（1～5 行）；然后，计算分类器输出结果的相互一致性矩阵，以及每个分类器的输出与实际类标之间的一致性（6～11 行）；最后，算法按照给定的搜索策略对空间进行搜索。搜索程序利用了评价某个解的指标计算结果（14～24 行）。

假设一致性度量的复杂度为 $O(m)$，一致性矩阵计算的计算复杂度为 $O(n^2m)$。这一假设对于式（5.3）和式（5.4）中的度量是成立的。指标评价（14～24 行）的计算复杂度为 $O(n^2)$。如果搜索策略对搜索空间进行一个部分排序，则指标就可以递增计算。例如，如果采用反向搜索，则分子需要进行一个加法运算，分母需要进行 n 个加法/减法运算。

需注意的是，实际的计算复杂度取决于分类器做出一个分类决策（第 3 行）的计算复杂度以及采用的搜索策略（第 12 行）的计算复杂度。然而，不管是评价一个解的指标还是搜索空间的大小都不取决于训练集的大小。因此，所提出的算法在一个大的训练集中进行遍历搜索就成为可能。

例如，一个前向选择或后向排除的复杂度为 $O(n^2)$。最佳第一搜索是全面的搜索方法，但是它采用一个停止标准使其搜索整个空间的概率变小。

```
CAP(S,Ω)
输入：S 为训练集；Ω 为分类器 {M_1,⋯,M_n} 的集成；Agr 为用于计算一致性度量的方法；Src 为搜索方法。
输出：Z 为删剪的集成集合。
1: for each ⟨x_q, y_q⟩ ∈ S  /* 获得个体分类器 */;
2:     for each  M_i ∈ Ω ;
3 :         ŷ_{i,q} ← M_i(x_q) ;
4:     end for;
5: end for;
6: for each  M_i ∈ Ω  /* 准备一致性矩阵 */;
7 :     CM_i = Agr(y, ŷ_i) ;
8:     for each  M_j ∈ Ω; j > i ;
9 :         MM_{i,j} ∈ Agr(ŷ_i, ŷ_j) ;
10:     end for
11: end for
12:  Z ← Src(Ω,MM,CM)  /* 利用价值函数搜索空间*/;
13: return  Z 。
EvaluateMerit(Z,CM,MM)
输入：Z 为集成子集；CM 为类——成员一致性向量；MM 为成员——成员一致性矩阵。
输出： Merit_z - Z 的价值。
14 :  n_z ← |Z| ;
15 :  k̄_cm ← 0 ;
16 :  k̄_mm ← 0 ;
17: for each  M_i ∈ Z ;
18 :     k̄_cm ← k̄_cm + CM_i ;
19:     FOR each  M_i ∈ Z; j > i ;
20 :         k̄_mm ← k̄_mm + MM_{i,j} ;
21:     end for;
22: end for;
23 :  Merit_z ← n_z k̄_cm / sqrt(n_z + n_z(n_z − 1) k̄_mm) ;
24: return  Merit_z 。
```

图 5.1 基于集体一致性删剪集成的伪码

5.4.3 基于聚类的方法

基于聚类的方法包括两个阶段：第一个阶段，采用一个聚类算法通过相似性分类来发现成组的分类器；第二个阶段，每个分类器组被单独进行删减，以确保整个集成的多样性。

Lazarevic 和 Obradovic 的文献[Lazarevic, Obradovic (2001)]利用著名的 K-均值聚类算法来完成分类器的聚类。该算法迭代地增加聚类数 k，直到集成的多样性开始下降为止。在第二个阶段，算法通过对分类器从最低精度到最高精度依次考虑，来删减每个聚类的分类器。如果一个分类器与最高精度的分类器的不一致性超过一个预先设定的阈值，并且其精度是足够高的，就将其保留在集成中。

Giacinto 等人[Giacinto, et al. (2000)]利用分级凝聚聚类（HAC）来对分类器进行分组。HAC 开始设定的聚类数等于分类器的个数，最终的聚类数为一，即整个原始的集成，最后获得一个不同聚类结果的分级图。

为了创建一个分级，HAC 在两个分类器之间定义一个距离度量作为二者不一致误分类的概率，并从一个验证集来估计其值。两个分组之间的距离被定义为这两个聚类中两个分类器间的最大距离。在第二个阶段，算法通过选择单个最好性能的分类器来对每个聚类进行删减。类似地，Fu 等人[Fu, et al. (2005)]利用 K-均值聚类算法来对分类器进行分组，但该算法是从每个聚类中选择最好的分类器。

5.4.4 删减时机

删减方法可以分为两类：预联合删减方法和后联合删减方法。

5.4.4.1 预联合删减方法

预联合删减方法是在分类器联合之前进行删减。性能好的分类器被包含到集成中。Prodromidis 等人[Prodromidis, et al. (1999)]提出了 3 种方法用于预联合删减：基于个体分类器在验证集上的性能、多样性矩阵、分类器对特定类别正确分类的能力。

在特征 Bagging 算法[Bryll, et al. (2003)]中，对采用封装方法的随机选择的 m 个特征子集构成的集成的分类精度进行评价，并且仅仅最高排序的分类器子集参与到最后集成的投票。

5.4.4.2 后联合删减方法

在后联合删减方法中，基于分类器对集成的贡献进行删减。

Prodromidis [Prodromidis, et al. (1999)]研究了两种后联合删减方法：基于决策树的删减和基分类器与未删减后分类器的相关性的删减。

可采用一个前向逐步选择程序在数以千计的分类器中选择相关性最高的分类器（最大化集成的性能）[Caruana, et al. (2004)]。为此，可以采用特征选择算法，当然在此并不是对特征进行选择，而是对集成中的成员进行选择[Liu, et al. (2004)]。

Rokach 等人 [Rokach, et al. (2006)]建议首先按照 ROC 性能对分类器进行排序；然后对其画图，Y 轴为整个分类的性能度量，X 轴为参与到联合中的分类器的数目，即参与联合投票的首批最佳分类器（假设具有相同的权值），剩余的分类器被赋予零权值。当连续增加几个分类器后性能都没有提升时即为最终的集成大小。

FS-PP-EROS 算法产生一个粗集子空间的选择性集成[Hu, et al. (2007)]。算法完成一个精度导向的前向搜索和后删减策略来选择基分类器，以构建一个有效的集成系统。实验结果显示 FS-PP-EROS 算法在精度和集成系统的规模上要优于 Bagging 算法和随机子空间方法。

GASEN 算法用于在一个给定的集成中选择出最合适的分类器[Zhou, et al. (2002)]。在初始化阶段，首先，GASEN 算法对每个分类器赋予一个随机权值。然后，利用遗传算法对这些权值进行进化，以使其能够在一定程度上描述加入集成时分类器的适应度。最后，将权值低于一个预先定义的阈值的分类器从集成中移除。最近，Zhou 和 Tang 的文献[Zhou, Tang, (2003)]提出了一个 GASEN 算法的改进版本，称为 GASEN-b。在该算法中，不给每个分类器配置一个权值，而是给每个分类器配置一个显示位，表明该分类器是否最终被用在集成中。研究人员通过实验表明，采用训练好的 C4.5 算法决策树作为分类器，由一个选择性集成算法产生的集成，与非选择性集成算法相比，不仅在规模上更小，并且在泛化能力上要更强。

Windeatt 和 Ardeshir 的文献[Windeatt, Ardeshir (2001)]对多个应用于 Boosting 算法和 Bagging 算法的后联合删减方法进行了比较研究。特别是对以下的删减方法进行了比较，即：最小误差删减法(MEP)，基于误差的删减法(EBP)，误差衰减删减法(REP)，临界值删减法(CVP)和代价复杂度删减法(CCP)等。结果显示，如果要选择一个单一的删减方法，那么总体上来说 EBP 就是最好的选择。

Prodromidis 等人[Prodromidis, et al. (1999)]对预联合删减和后联合删减方法进行了研究。结果显示后联合删减方法的性能要更好一些。

Zhang 等人[Zhang, et al. (2009)]利用 Boosting 算法来确定基分类器融合到集成中的顺序，并通过尽早地停止融合过程来构建一个删减的集成。两个启发式规则被用来停止融合：一个是从排序的全 Double-Bagging 集成中选择最高的 20%的基分类器，另一个是当加权训练误差达到 0.5 时停止融合。

Croux 等人[Croux, et al. (2007)]提出了删减 Bagging 算法的思想，其目的是删减掉产生最高误差率的分类器，误差率通过离袋误差率来估计。实验表明，当采用决策树之类的非稳定分类器时，删减 Bagging 算法与标准 Bagging 算法性能相当，而当采用如支持向量机之类的更稳定的基分类器时，前者的精度更高。

第6章　误差纠错输出编码

一些机器学习算法被用来解决二分类任务，即将示例分为两类。例如，在直销任务中，可利用一个二分类器对潜在的客房进行分类，将其分为对一个特定的市场报价持正面还是负面的观点。

然而，在实际应用中，需要对问题分成更多的类别。例如手写字符的分类问题[Knerr, et al. (1992)]，多类型癌症分类问题[Statnikov, et al. (2005)]以及文本分类问题[Berger(1999); Ghani (2000)]等。

多类分类在本质上比二分类更具挑战性，因为诱导分类器必须将示例分成更多的类别，这就会增加误分类的可能性。让我们考虑下面的情况，例如，对于一个平衡的分类问题，每个类的数据个数相当，每个类别是等概率的并且采用一个随机的分类器。如果这是一个二分类问题，获得正确分类的概率是 50%，而对于一个四类问题，其概率就会下降到 25%。

多个机器学习算法，如 SVM 算法[Cristianini, Shawe-Taylor (2000)]，最开始就是为解决二分类问题设计的。将这些算法应用于多类问题主要有两种方法。

第一种方法是对该二分类算法进行扩展，已应用于 SVMs 算法[Weston, Watkins (1999)]和 Boosting 算法[Freund, Schapire (1997)]。然而，将这类算法扩展为一个多类的版本，或者不实用，或者常常不容易实现[Passerini, et al. (2004)]。尤其对于 SVMs 算法来说，Hsu 和 Lin [Hsu, Lin (2002)]的研究表明，该技术的多类版本会导致算法在训练过程中过高的计算代价。

第二种方法是将多类问题转换为一个二分类问题的集成，即对二分类的结果进行合成。解构过程通常可表示为一个编码矩阵 $\vec{\boldsymbol{M}}$ [Allwein, et al. (2000)]。将多类问题解构为二分类子问题有多个解决方案[Allwein, et al.(2000)]。编码矩阵有 k 行，表示 k 个多类任务中每一类的密语，矩阵的每一列相应于解构中二分类器的期望输出。

为了展示多类解构的思想，可以回顾表 1.1 中的数据集，其中包含 Iris 数据集的一个片段，这是模式识别文献中最著名的一个数据集。其目的是将鸳尾花按照其特征分为不同的亚种。数据集包括 3 个类别，相应于 3 种类型的鸳尾花：$\mathrm{dom}(y)=\{\mathrm{IrisSetosa}, \mathrm{IrisVersicolor}, \mathrm{IrisVirginica}\}$。表 6.1 给出了 Iris 数据集的编码矩阵，其中每一行代表一个类别，每一列代表一个分类器。第一个分类器对 $\{\mathrm{IrisSetosa}, \mathrm{IrisVirginica}\}$ 和 $\{\mathrm{IrisVersicolor}\}$ 进行分类，其中前者由二元值 1

表示，后者由二元值-1 表示，如矩阵中第一列所示。类似地，第二个分类器对 $\{IrisVersicolor, IrisVirginica\}$ 和 $\{IrisSetosa\}$ 进行分类，其中前者由二元值 1 表示，后者由二元值-1 表示，如矩阵中第二列所示。最后，第三个分类器对 $\{IrisSetosa, IrisVersicolor\}$ 和 $\{IrisVirginica\}$ 进行分类，其中前者由二元值 1 表示，后者由二元值-1 表示，如矩阵中第三列所示。

表 6.1 Iris 数据集的编码矩阵

类别	分类器 1	分类器 2	分类器 3
Iris Setosa	1	-1	1
Iris Versicolor	-1	1	1
Iris Virginica	1	1	-1

若要将一个新示例分类为三类中的一类：首先从每个基分类器中获得二分类结果；然后，基于这些二分类结果，搜索最可能的类别。简单地度量每个类别密语的编码间的海明距离。具有最短距离的类被选为输出的类别。如果存在多个最短距离，就随机选择一个。此过程也称为解码。表 6.2 给出了一个未知示例的每个可能输出的海明距离。例如，如果一个示例被 3 个分类器分类为-1，1，-1，则对其预测的类别是 Versicolor 或 Virginica。

表 6.2 Iris 数据集的解码过程

输出			海明距离			预测类别
分类器 1	分类器 2	分类器 3	Setosa	Versicolor	Virginica	
-1	-1	-1	4	4	4	任意类
-1	-1	1	2	2	6	Setosa 或 Versicolor
-1	1	-1	6	2	2	Versicolor 或 Virginica
-1	1	1	4	0	4	Versicolor
1	-1	-1	2	6	2	Setosa 或 Virginica
1	-1	1	0	4	4	Setosa
1	1	-1	4	4	0	Virginica
1	1	1	2	2	2	任意类

6.1 多类问题的编码矩阵分解

在多类问题中应用分解策略存在多种原因。Mayoraz 和 Moreira[Mayoraz, Moreira (1996)], Masulli 和 Valentini [Masulli, Valentini (2000)] 以及 Frnkranz [Frnkranz (2002)]通过研究表明，应用一个分解策略可以减小诱导分类器的计算复杂度。因此，多类诱导算法甚至也可以从将多类问题转换为两类问题中受益。Knerr 等人[Knerr, et al.(1992)]认为在一个数字识别问题（如 LED 问题）中，如果类别可以成对分解，则类别就是线性可分的。因此，他们对所有成对的类别通过线性分类器进行分类并合成输出结果。这种方法比采用一个单一的同时对所有类别进行分类的多分类器要更为简单。Pimenta 和 Gama [Pimenta, Gama (2005)]提出分解方法为并行处理提供了新的可能性，因为两类子问题是相互独立的并可以在不同的处理器上单独处理。Crammer 和 Singer [Crammer, Singer (2002)]将分解方法分为 3 种类型。

（1）类型Ⅰ：对于一个给定的编码矩阵，通过最小经验误差损失来获得一个二分类器的集合。

（2）类型Ⅱ：通过最小经验误差损失来同时获得一个二分类器集合和一个编码矩阵。

（3）类型Ⅲ：对于一个给定的二分类器集合，通过最小经验误差损失来获得一个编码矩阵。

本章主要关注类型Ⅰ和类型Ⅱ的问题。

6.2 类型Ⅰ：给定编码矩阵的集成训练方法

最简单的分解策略是一对一分解（1A1），也称为循环分解。该方法构建 $k(k-1)/2$ 分类器，每个分类器对一对类别 i 和 j 进行分类，其中 $i \neq j$ [Knerr, et al. (2000); Hastie, Tibshirani (1998)]。应用一个多数投票机制对这些分类器产生的分类结果进行合成[KreBel (1999)]。每个 1A1 分类器对其首选的类别提供一个投票。获得最多数投票的类别就是最终的分类结果。表 6.3 所列为一个四分类问题的 1A1 矩阵。

在某些情况下，仅采用所有可能的成对分类器的一个子集[Cutzu (2003)]。在这些情况下，最好是计算“反对”的票数，而不是“赞成”的票数，因为后者更容易造成误分类。如果某个分类器对两个类别进行分类，而这两个类别结果都不是真实的类别，那么计算“赞成”票不可避免地就会产生误分类。另外，其中一个类别的反对票将不会导致误分类。然而，在 1A1 方法中，当示例不属于类别 i 或 j 时，一个分类器对于一对类别 (i, j) 的分类结果将不会提供任何有价值的信息[Alpaydin, Mayoraz (1999)]。

1A1 分解如图 6.1 所示。对于图 6.1(a)中的四类分类问题，1A1 方法诱导 6 个分类器，每对类别一个分类器。图 6.1(b)展示了类别 1 与类别 4 之间的分类器。

另一种标准方法称为一对多（1AA）。假设一个 k 类问题，共产生 k 个二分类器。每个二分类器负责一个类别与其他剩余类别的分类。通常按照最高概率的类别来确定最终的分类结果。表 6.4 显示了一个四类分类问题的 1AA 矩阵。

表 6.3　四分类问题的一对一(1A1)分解

类别	分类器 1	分类器 2	分类器 3	分类器 4	分类器 5	分类器 6
类别 1	1	1	1	0	0	0
类别 2	−1	0	0	1	1	0
类别 3	0	−1	0	−1	0	1
类别 4	0	0	−1	0	−1	−1

表 6.4　四分类问题的一对多（1AA）编码矩阵

类别	分类器 1	分类器 2	分类器 3	分类器 4
类别 1	1	−1	−1	−1
类别 2	−1	1	−1	−1
类别 3	−1	−1	1	−1
类别 4	−1	−1	−1	1

当训练集是非平衡数据集时 1AA 分解方法会遇到困难。在这种情况下，某个类别的示例数目会远小于其他类别的示例数目，这样对于该类别的数据就很难产生一个具有较高预测性能的分类器。

图 6.1(c)展示了一个利用 1AA 方法产生的分类器，即类别 1 与其他所有类别之间的分类器。很明显，在 1A1 方法中，每个基分类器利用的示例较少，因此按照 Furnkranz 文献[Furnkranz (2002)]的观点，这种方法“在确定两个类别之间的边界时具有更多的自由度”。

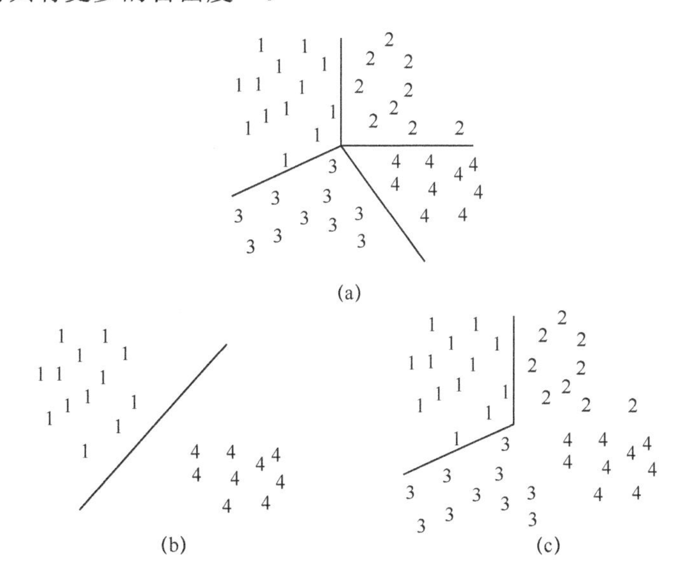

图 6.1　1A1 和 1AA 对于四分类问题的示意图

6.2.1　纠错输出编码

纠错输出系统的出现可回溯到 20 世纪中叶，用于提高通信信道的可靠性。

通信信道的噪声会对接收到的原始信息造成损坏，信息中的任意位有可能从其原始状态发生改变。为了减少这种情况发生的可能性，可对所提交的信息以一种简单的方式进行编码，以检测错误，使其有可能在信息的接收端纠正错误。

每个所提交的信息符号被编码为一个不同的码书，当接收器收到一个码书时，就利用海明距离搜索与其最类似的码书。采用合适的编码设计可保证接收器对编码的误识率较低。Peterson 和 Weldon [Peterson, Weldon (1972)]认为："大多数二元编码理论基于一个假设，即每个信息符号受噪声的影响是相互独立的，因此一个给定的误差模式的概率只取决于误差的个数。"

Dietterich 和 Bariki [Dietterich, Bariki (1995)]利用通信技术将多类问题转换为一个二分类问题的集成。其思想是经由一个由示例特征、训练数据和学习算法组成的信道来传递一个新示例的正确类别。由于示例特征、训练数据中有可能出现错误，并且/或者分类器的学习过程也会失败，因此类别信息有可能会出现混乱。为了使系统具备从这些传输误差中恢复的能力，就通过纠错编码对类别标识进行编码，并分别传输每一位信息，也就是对学习算法的分别执行。

因此，可利用一个分布式输出编码来表示多类问题的 k 个类别。每个类用一个长度为 l 的码书来表示。通常情况下，码书的位比需要的多，以确保独特地表示每一类。多出的位可用于纠正最终的分类错误。正由于这个原因，所以此类方法被称为纠错输出编码（ECOC）。

生成的编码以一个矩阵 $\vec{M} \in \{-1,+1\}^{k \times l}$ 的形式进行存储。矩阵的行表示每一类的编码，列表示 l 个诱导二分类器 $\left(f_1(\vec{x}), f_2(\vec{x}), \cdots, f_l(\vec{x})\right)$ 的期望输出。

一个新的模式 $\vec{x}$ 可通过对这 l 个分类器的评价来进行分类，即产生长度为 l 的向量 $\vec{f}(\vec{x})$。然后，将该向量与 $\vec{M}$ 的行进行比对度量，新示例的类别就配置为具有最小海明距离的类别。

为了评估 ECOC 的优点，Dietterich 和 Bariki [Dietterich, Bariki (1995)]提出了两个标准，即行的可分性和列的多样性。

（1）行的可分性，码书应该是在海明距离意义下易可分的。

（2）列的多样性，列应该是尽可能不相关的。

Dietterich 和 Bariki [Dietterich, Bariki (1995)]建议设计码书时应该最大化其纠错能力，并提出了 4 种技术用于构建好的纠错编码。选择哪种技术取决于问题中的类别数。

6.2.2 编码矩阵框架

Allwein 等[Allwein, et al (2000)]提出了一个框架，可普遍地用于分解技术。在该框架中，分解技术可转换为基于编码矩阵的方法，从集合 $\{-1,0,+1\}$ 中取一个值对矩阵 $\vec{M}$ 中的每一项进行赋值。子项 m_{ij} 取值+1 表示在诱导分类器 f_j 时，

假设相应于第 i 行的类别为正标识，取值-1 则指派一个负的标识，取值 0 表示类别 i 中的数据不参与到分类器 f_j 的诱导。然后就利用 $\vec{M}$ 中每一列所代表的类别标识来训练二分类器。

在 1AA 分解中，$\vec{M}$ 有 $k \times k$ 维，其对角项取值为+1，所有其它项的值为-1。在 1A1 中，$\vec{M}$ 有 $k \times k(k-1g)/2$ 维，并且每列相应于成对类别 (i,j) 的一个二分类器。在每一列表示成对类别 (i,j) 时，列中相应于第 i 行和第 j 行的值分别被设为+1 和-1。其余行的值设为 0，显示其它类的示例不参与到此二分类器的诱导。

新模式类别的分类涉及到一个解码的步骤，如 ESCOC 技术。参考文献[Passerini, et al. (2004); Allwein, et al. (2000); Windeatt, Ghaderi (2003); Escalera, et al. (2006); Klautau et al. (2003)]提出了多种解码方法。

Allwein 等人的文献[Allwein, et al. (2000)]通过大量的实验研究，发现在众多的编码策略中，如 1AA、1A1、致密随机编码和疏松随机编码等，并不能找到一个优胜者。因此，对于一个给定的多类分类任务，找到一个合适的二分类的联合是一个相当具有研究价值的问题。

6.2.3 节讨论编码矩阵的设计问题，并讨论了这一领域的主要方法。这一问题可定义为表示每一类的编码的搜索问题。另一个需要讨论的问题是编码的长度问题。

6.2.3 编码矩阵的设计

多个方法可用于将一个多类问题分解为多个二分类的子问题。对于 k 类问题，最简洁的分解方法是利用 $l=\lceil \log_2(k) \rceil$ 个二分类器[Mayoraz, Moreira (1996)]。表 6.5 给出了一个四分类问题的致密矩阵的例子。

表 6.5 一个四分类问题的致密编码矩阵

类别	分类器 1	分类器 2
类别 1	1	1
类别 2	1	-1
类别 3	-1	1
类别 4	-1	-1

对于一个 k 类问题，鉴于 $f=-f$，不同的二分类器的总数为 $0.5\left(3^k+1\right)-2^k$。换句话说，正的和负的类标的转置产生同样的分类器[Mayoraz, Moreira (1996)]。其中，$2^{k-1}-1$ 同时包含所有的类，即它们仅有类别标识+1 和-1，而没有 0 的选项。包含这样的分类器的一个四分类问题的编码矩阵的例子如表 6.6 所列。

表 6.6　一个四分类问题的编码矩阵

类别	分类器 1	分类器 2	分类器 3	分类器 4	分类器 5	分类器 6
类别 1	1	1	1	1	1	1
类别 2	1	1	−1	−1	−1	−1
类别 3	−1	−1	1	1	−1	−1
类别 4	1	−1	1	−1	1	−1

下面回顾获得 ECOC 矩阵的策略，即具有纠错能力的编码矩阵，以及其他获得编码矩阵的策略。6.3 节讨论了多类问题的自适应编码矩阵的技术。

除非特别说明，以下的内容均采用二分类编码矩阵，即矩阵的每项仅从+1和−1 中取值。

Dietterich 和 Bariki [Dietterich, Bariki (1995)]认为在设计 ECOC 矩阵时，为确保纠错能力必须具备两个条件：行可分；列可分。

其中可分性通过海明距离来度量，等于不同位串间的差异。

还要避免常数列(仅包括正项或负项)，因为它们不能表示一个二元决策问题。

令 d_m 表示 $\vec{M}$ 中任一成对行之间的最小海明距离。最终的 ECOC 多类分类器能够对二分类器的输出的纠错能力至少为 $\left(\frac{d_m-1}{2}\right)$。因此，按照海明距离，每个包含 $\left(\frac{d_m-1}{2}\right)$ 个错误的不正确的分类都存在一个整体与正确类别码书之间的偏差，而最邻近的码书就是正确的类别[Dietterich, Bakiri(1995)]。这就是为什么要求行可分的原因。按照这一原理，1AA 编码就不具有任何纠错能力，因为 $d_m=2$。列可分在设计电信领域的纠错编码时也是必需的[Alba, Chicano (2004)]。

除了以上的要求，二分类器的误差必须是不相关的，以便在解决多类问题时可获得好的纠错编码。为了满足这一条件，必须是列可分的，即 $\vec{M}$ 中任一成对列之间的海明距离必须足够大。如果在学习算法中，正的和负的类标的转置产生同样的分类器（$f=-f$），则每列与其他列之间的海明距离必须是最大的。

基于以上的讨论，Dietterich 和 Bariki [Dietterich, Bariki (1995)]提出了 4 种技术用于设计具有好的纠错能力的编码矩阵。选择哪种技术取决于多类问题的类别数。但是对于哪种方法适用于多少类别并没有严格的规定。

对于 $k\leqslant 7$，建议采用穷举编码。第一行（第一类的码书）仅取值+1。所有其他行轮流取 2^{k-i} 个正值和负值，i 为行的数目。表 6.5 展示了四类问题的穷举编码矩阵的示例。

如果 $8\leqslant k\leqslant 11$，建议采用一个从穷举编码中选择列的方法。

如果 $k>11$，有两个选项：一个是基于爬山算法的方法；另一个是 BCH 生成(Bose-Chaudhuri and Hocquenghem)编码方法[Boser, Ray-Chaudhuri (1960)]。BCH 应用多项式函数来设计接近最优的纠错编码。BCH 编码的一个问题是不能确保好的列可分。另外，如果类别数不是 2 的幂次方，则为了保持好的行和列的可分性，必须通过移动行（也可能是列）来缩短编码。

Pimenta 和 Gama [Pimenta, Gama (2005)]提出了一个算法用于设计 ECOC，获得了比传统分解方法更好的预测性能，他们采用决策树（DTs）[Quinlan (1986)]和 SVMs 算法作为基分类器。他们采用一个函数，按照其纠错能力来评估 ECOC 的性能。一个迭代破坏算法（PA）被用来构建 ECOC，该算法通过对初始 ECOC 增加或者移除列来最大化性能函数。

一个好的 ECOC 是最大化码书间的最小海明距离的编码。因此，定义了一个线性函数 $y=m\cdot e+b$，其中 $n=\dfrac{2^{k-2}-1}{\left(2^{k-1}-1\right)-\left\lceil\log_2(k)\right\rceil}$，$b=1-m\left\lceil\log_2(k)\right\rceil$。此线性函数表示给定的 k（类别数）和 e（码书长度）的最小海明距离。因为海明距离是整数值，所以支持函数 $a(k,e)$ 被定义为 $y(k,e)$ 的下界取整。基于此支持函数，可定义一个 ECOC 的性能函数 $q(k,e)$（假设 W, B, $B+$ 满足 $W<B<B+$）。

（1）当 ECOC 的最小海明距离低于支持函数 $a(k,e)$ 的程度大于距离 1 时，$q(k,e)=W$。

（2）当 ECOC 的最小海明距离低于支持函数 $a(k,e)$ 的程度小于距离 1 时，$q(k,e)=B$。

（3）当 ECOC 的最小海明距离等于或大于支持函数 $a(k,e)$ 时，$q(k,e)=B+$。

Pimenta 和 Gama [Pimenta, Gama (2005)]对比了拒斥算法（RA）和破坏算法（PA）的性能。RA 对一个评价函数进行最大化，当 d_m 增加时该函数的值变大。由于在设计一个 ECOC 时不要求行可分，所以评价函数被用来惩罚具有相同或互补列的矩阵。另外，遗传算法（GAs）被用来设计编码矩阵，用于最大化评价函数。RA 用于 GA 的变异步骤中。实验对比研究表明，PA 在发现有效的 ECOCs 时的性能更好，这里的性能度量标准是看是否能避免相同的、互补的以及常数的列；而 RA 的性能比较差。在可产生有效的 ECOCs 的方法中，PA 总体上都完成得比较好，可获得按照 Pimenta 和 Gama 所提出的评价函数来度量的高质量的 ECOCs。Pimenta 和 Gama 还提出了一个方法用于确定 ECOC 中的列的数目（分解中所用的分类器的个数）[Pimenta, Gama (2005)]。该方法通过考查一个评价函数来实现，此评价函数是基于不同大小的 ECOC 可纠错的数目来构建的。

一些研究随机设计的 ECOC 即可获得好的多类预测性能[Berger (1999); Windeatt, Ghaderi (2003); Tapia, et al. (2003)]。Allwein 等人[Allwein, et al.(2000)]比较了两种随机设计的编码矩阵：致密的和疏松的。在致密编码矩阵的实验中，产生 10000 个随机编码矩阵，每个矩阵有 $\left\lceil 10\times\log_2(k)\right\rceil$ 列，并且矩阵的每项以同等的概率取值为-1 或+1。按照 Dietterich 和 Bariki [Dietterich, Bariki (1995)]

的建议，具有更高的 d_m 并且没有相同或互补列的矩阵被选中。在疏松编码矩阵的实验中，采用三元字符编码，矩阵的列数为 $\lceil 15\log_2(k) \rceil$，矩阵中每项取值为 0 的概率为 0.5，取值为+1 或-1 的概率为 0.25。同样产生 10 000 个随机编码矩阵，并选择具有最高的 d_m 值的矩阵。

Berger [Berger (1999)]给出了关于随机矩阵之所以取得较好性能的统计意义的综合的评论。该评论认为，从理论上来说随机矩阵具有较好的行和列的可分性，尤其是当矩阵的列数增加时。然而，他也在评论中假定个体分类器的误差是不相关的，这一假定在实际应用中并不现实。

Windeatt 和 Ghaderi [Windeatt, Ghaderi (2002)]也注意到了等距编码矩阵的价值。在等距编码中，各行之间的海明距离基本上是个常数。他们的实验表明，如果 $\vec{M}$ 是一个等距编码矩阵，则不同行的+1 的个数的相等的，并且任一成对行之间的共同的+1 的个数也是相等的。他们利用这一思想来从 BCH 编码中选择一个行的子集，进而产生等距编码。他们从实验上验证了当采用多层感知器（MLP）和神经网络（NNs）[Haykin (1999)]作为基分类器，等距编码在采用较短的编码（更少的列）时，其性能要优于 1AA 和随机编码。随着编码的长度的增加，等距编码的优势就不再明显，此时更倾向于采用随机编码。

6.2.4 正交排列（OA）

在设计实验时，其目的是最小化所需的实验次数，以选择对于未知过程的有用的信息[Montgomery (1997)]。所选择的数据被用来对未知过程进行建模。然后利用该模型来对初始的过程进行优化。

全因子设计是一个实验设计方法，在该方法中，实验者选择 n 个可影响目标属性的特征。然后，获得这些被选择的输入特征的所有可能的联合[Montgomery (1997)]。当输入特征巨大时，应用一个全因子设计是不切实际的。

在部分因子设计方法中，仅选择完全因子实验中的一部分。部分因子设计的一个最实用的形式是正交排列。一个正交排列 $\mathrm{OA}(n,k,d,t)$ 是一个 k 行 n 列的矩阵，矩阵中的每一项从 d 个值中取值。如果排列的强度为 t，则在每个 $t \times n$ 的子矩阵中，有 d^t 个可能的互不相同的行出现同样的次数。一个强度为 2 的 OA 的例子如表 6.7 所列。在该排列中任意两个类别都具有同等的概率组合（“1,1”,“1,−1”,“−1,1”,“−1,−1”）。每个组合出现的次数都相同。在表 6.8 所列的强度为 3 的正交排列中，可以发现所有 3 个类别的组合。

列数称为 OA 矩阵的运行，表示测试，需要时间、金钱和硬件等资源。OA 的目的是创建最小的运行次数，来确保所需要的强度。OA 的致密表示的先进性是我们可利用其创建最小数目的二分类器。

表 6.7　OA(8,7,2,2)设计

+1	+1	+1	+1	−1	−1	−1	−1
+1	+1	−1	−1	+1	+1	−1	−1
+1	+1	−1	−1	−1	−1	+1	+1
+1	−1	+1	−1	+1	−1	+1	−1
+1	−1	+1	−1	−1	+1	−1	+1
+1	−1	−1	+1	+1	−1	−1	+1
+1	−1	−1	+1	−1	+1	+1	−1

表 6.8　OA(8,7,2,3)设计

−1	−1	−1	−1	−1	−1	−1	−1	+1	+1	+1	+1	+1	+1	+1	+1
−1	+1	−1	+1	−1	+1	−1	+1	+1	−1	+1	−1	+1	−1	+1	−1
−1	−1	+1	+1	−1	−1	+1	+1	+1	+1	−1	−1	+1	+1	−1	−1
−1	+1	+1	−1	−1	+1	+1	−1	+1	−1	−1	+1	+1	−1	−1	+1
−1	−1	−1	−1	+1	+1	+1	+1	+1	+1	+1	+1	−1	−1	−1	−1
−1	+1	−1	+1	+1	−1	+1	−1	+1	−1	+1	−1	−1	+1	−1	+1
−1	−1	+1	+1	+1	+1	−1	−1	+1	+1	−1	−1	−1	−1	+1	+1
−1	+1	+1	−1	+1	−1	−1	+1	+1	−1	−1	+1	−1	+1	+1	−1

OA 中的行数 k 应该等于类别集合的势（基数）。列的数目为要训练的分类器的个数。对任意数目的类别构建一个新的 OA 不是一件容易的任务。通常，可以利用一个现成的设计用于一个特定的类别数的设计。正交设计可从 Sloane 的 OA 库中调用[Sloane （2007)]。如果找不到所需行数 k 的 OA，可以采用一个较大行数的 OA，然后再将其减小到合适的大小。需注意的是，一个 $\mathrm{OA}(N,k,s,t)$ 的任意 $N\times k'$ 子排列表示为 $\mathrm{OA}(N,k',s,t')$，其中 $t'=\min\{k',t\}$。

在应用 OA 之前，首先需要将与列的转置相同的行移除，因为正的转置和负的类标产生同样的分类器[Mayoraz, Moreira (1996)]。例如，表 6.8 中的第 9 列～第 16 列应该移除，因为正好是第 1 列～第 8 列的转置。另外，取值全为 +1 或-1 的列也应该移除，因为这对于训练一个分类器是无意义的。相应地，表 6.7 中的第 1 列也应该移除。

6.2.5　Hadamard 矩阵

Zhang 等人[Zhang, et al.(2003)]研究了应用 Hadamard 矩阵在集成学习中来生成 ECOC 的优点。Hadamard 矩阵也可以被当作强度为 2 和 3 的两水平的特殊的正交排列。这类矩阵是以法国数学家 Jacques Hadamard (1865—1963)的名字来命名的。

他们指出，在联合 k–1 个基学习器的 k 类编码的范围内，这类矩阵可看作是最优的 ECOC，这里的最优是按照行和列的可分性来度量的。然而，Hadamard

矩阵的行数为 2 的乘方。对于其他数目的类别，一些行就必须被删掉。当采用 SVM 算法作为二分器时，Hadamard 矩阵比随机矩阵和 1AA 矩阵的精度更高。

一个 Hadamard 矩阵（HM）$\boldsymbol{H}_n$ 由+1 和−1 的方阵组成，其行是正交的，满足 $\boldsymbol{H}_n\boldsymbol{H}_n^{\mathrm{T}} = n\boldsymbol{I}_n$。式中 $\boldsymbol{I}_n$ 是 n 阶单位阵。一个 Hadamard 矩阵 $\boldsymbol{H}_n$ 常常被写为归一化的形式，其中第 1 行和第 1 列的项全为+1。

从任一归一化的 Hadamard 矩阵移除第 1 列所获得的一个 Hadamard 输出编码，具有两个有益的特性：每对码书具有相同的海明距离；每两个列是相互正交的。

6.2.6 概率纠错输出编码

到此为止都是假设二分类器是清晰的，即其类标仅取值+1 或−1。然而，大多数二分类器是概率的，因此其除了产生类标外，也产生类别分布。在不确定的输出编码的情况下，这个分布可用于更好的选择合适的类别。例如，表 6.2 中的第 1 行、第 2 行、第 3 行、第 5 行和第 8 行就产生了超过一个的预测类别。

假设每个分类器 i 的输出是一个 2 长度的向量 $\boldsymbol{p}_{i,1}(x),\boldsymbol{p}_{i,2}(x)$。值 $\boldsymbol{p}_{i,1}(x)$ 和 $\boldsymbol{p}_{i,2}(x)$ 表示按照分类器 i，示例 x 分别属于类别−1 和+1 的支持度。为简单起见，假设该向量是恰当的分布，即 $\boldsymbol{p}_{i,1}(x)+\boldsymbol{p}_{i,2}(x)=1$。Kong 和 Dietterich [Kong, Dietterich (1995)]采用如下改进的海明距离，作为分类器输出和类别 j 的码书之间的距离，即

$$\mathrm{HD}(x,j)=\sum_{i=1}^{l}\begin{cases}\boldsymbol{p}_{i,2}(x), & \vec{\boldsymbol{M}}_{j,i}=-1\\ \boldsymbol{p}_{i,1}(x), & \vec{\boldsymbol{M}}_{j,i}=+1\end{cases} \tag{6.1}$$

式中：$\vec{\boldsymbol{M}}$ 为表 6.1 中的编码矩阵。现在回到表 6.2 所显示的解码过程。然而，现在假设分类器可提供一个分类的分布。因此，我们获得的分类结果不是象表 6.2 第一行的 $(-1,-1,-1)$ 那种形式，在此例中，分类器 1 到分类器 3 分类产生如下的分类分布：0.8、0.2、0.6、0.4 和 0.7、0.3。需要注意的是，这些分布相应于第一行的分类结果。利用等式 6.1，可以得出类别 Setosa 与码书（$1,-1,1$）之间的距离为 $0.8+0.4+0.7=1.9$。类别 Versicolor 与码书（$-1,1,1$）之间的距离为 $0.8+0.4+0.3=1.5$。因此，所选择的类别为 Versicolor。回顾表 6.2，如果仅采用相应的分类结果 $(-1,-1,-1)$，则最终的类别就是任意的（不确定的情况）。

6.2.7 其他 ECOC 策略

本节讨论的编码矩阵设计不能完全归类于前面章节所讨论的类型，或者是因为在编码矩阵设计中应用了不同的标准，或者是采用了纠错和自适应标准的联合。

Sivalingam 等人 [Sivalingam, et al. (2005)]采用基于纠错编码的最小分类

方法（MCM），将多类识别问题转换为一个最小二分类问题。不是在每个分类中仅区分两个类别，MCM 仅需要 $\log_2 K$ 次分类，因为该方法是对多类的两个组进行分类。因此，MCM 只需较少数目的分类器就能产生与二元 ECOC 相类似的精度。

Mayoraz 和 Moreira [Mayoraz, Moreira (1996)]提出了一个迭代算法用于编码矩阵的生成。该算法应用了三个标准。前两个标准与 Dietterich 和 Bariki [Dietterich, Bariki (1995)]的建议相同。第三个标准是，按照输入空间中类别的位置，每个嵌入的列应该是相关的。如果它是容易学习的，则考虑一个二元类别划分。该算法最重要的贡献是所获得的分类器通常比原始 ECOC 所得到的分类器更简单。

采用电信编码理论的概念，Tapia 等人[Tapia, et al.(2001)]提出了一个特殊的 ECOC，递归 ECOC（RECOC）。多个递归编码由较小长度的分量子码来构建，单个递归编码的性能较弱，但多个递归编码合作的性能很强。这就导致了一个 ECOC 的集成，其中每个分量子码定义了一个局部多类学习器。作者特别指出，RECOC 的另一个特性是在设计中允许进行随机度的调整。Tapia 等人[Tapia, et al (2003)]指出一个随机编码是在噪声中保护信息的理想方式。

与通道编码理论一样，可以采用一个穿孔机制来消除编码矩阵中的二分类器之间的相关性[PerezCruz, Artes-Rodriguez (2002)]。该算法通过在先前设计好的编码矩阵中删除列来排除损害其性能的分类器。这样，就可获得更低复杂度的多类策略。为了实现这样的策略，可采用一个三元编码，即编码矩阵的取值可以是正的、负的以及空的。实验表明，他们对 1A1 和 BCH ECOC 采用穿孔策略时，获得了较好的性能。

多项研究通过对集成分类器的多样性度量的最大化设计编码矩阵[Kuncheva (2005a)]，特别是与二分类器的数目相配合来构建多类解决方案，研究编码的联合，以完成联合任务。为了解决这样的联合问题，可以应用遗传算法（GAs) [Mitchell (1999); Lorena, Carvalho(2008)]。GA 可由以下因素确定编码矩阵，即：它们的精度；由 Kuncheva [Kuncheva, (2005)]定义的列间的多样性度量；不同类别的编码之间可分性的程度[Shen, Tan (2005)]。由于所应用的 GA 也可最小化集成的规模，因此这类编码矩阵可通过调整应用于所有的多类问题。

6.3 类型Ⅱ–多类问题的自适应编码矩阵

对 1AA，1A1 和其他 ECOC 策略的一个共同的评价是它们都是先验地完成多类问题的分解，而没有考虑每个应用的性质和特点[Allwein, et al. (2000); Mayoraz, Moreira (1996); Alpaydin, Mayoraz(1999); Mayoraz, Alpaydim (1998); Dekel, Singer (2003); Ratsch, et al. (2003); Pujol, et al. (2006)]。另外，正如 Allwein

等人[Allwein, et al(2000)]所指出的，尽管 ECOC 编码具有较好的纠错能力，但是多个两类子问题也许是很难去学习的。

数据驱动的纠错输出编码（DECOC）[Zhoua, et al.(2008)]研究了数据类别的分布，并对联合策略和所需的基学习器的数目同时进行优化，来设计有效的和致密的编码矩阵。特别是，DECOC 基于训练数据的结构信息计算每个基分类器的信任度，并对其进行排序来协助确定 ECOC 的编码矩阵。实验结果表明，所提出的 DECOC 与其他 ECOC 方法相比，精度更高。并且 DECOC 所用的基分类器数目更少，而没有采用成对分解（一对一）策略。

DECOC 的关键思想是通过选择二分类学习器构建编码矩阵，从而减少学习器的数目。为设计有效和致密的编码矩阵，DECOC 同时对联合策略和必需的基学习器的数目进行优化。分类器的选择通过计算每个分类器在将训练集分为两个相对同质的组时的性能度量实现。DECOC 的主要优点是相对于其他 ECOC 方法，采用更少的基分类器便可获得更高的精度。但是这一结果也不是毫无代价的。在构建过程中，DECOC 应用了交叉验证。这一过程会花费大量的时间，因为在每次迭代中都要为每个基学习器构建一个分类器。这一步骤可作为一个预处理过程，并不影响测试样本的运行时间。但是如果训练集的预处理过程有时间和空间限制，就会成为一个问题。

多个研究同时搜索编码矩阵和二分类器集合，以产生最小的经验损失。通常编码矩阵的列和二分类器通过分阶段的方式来产生。

找到上面问题的最优解被证明是一个 NP-难问题[Crammer, Singer (2002)]。然而，多个启发式方法被提出来，最流行的启发式方法是将 ECOC 框架与 AdaBoost 框架相联合。尤其是有两个算法非常流行：输出编码 AdaBoost(AdaBoost.OC) 算法 [Schapire (1997)] 和纠错编码 AdaBoost (AdaBoost.ECC)算法[Guruswami and Sahai (1999)]。

图 6.2 给出了 AdaBoost.OC 算法的示意图。在每次迭代中，诱导一个弱分类器。通过更多的关注误分示例对示例进行加权。然后，与 ECOC 一样，在每次迭代中选择一个新的二元分解（色彩）。用多个方法确定色彩函数，最简单的方法是均匀并独立地从 $\{-1,1\}$ 中随机地选择每个值。一个更好的选择是随机选择，但要确保类别的平坦划分，即 1/2 的类别为−1，另外 1/2 的类别为 1。第三种选择是利用优化算法最大化 U_t 的值。

图6.3给出了AdaBoost.ECC算法。AdaBoost.ECC算法的原理与AdaBoost.OC算法类似。然而，该算法不基于伪损失对示例加权，而是利用当前分类器的结构和在二分类学习问题中的性能。

Sun 等人[Sun, et al.(2005)]证明 AdaBoost.ECC 算法对一个代价函数完成分阶段的、实用的梯度下降，该代价函数定义在边缘值域。另外，Sun 等人[Sun, et al.(2005)]还证明了 AdaBoost.OC 算法是 AdaBoost.ECC 算法的一个缩减版本。

缩减可看作是在噪声情况下提高精度的一个方法。因此，Sun 等人[Sun, et al.(2005)]认为在低噪声数据集中，AdaBoost.ECC 算法要优于 AdaBoost.OC 算法，而在噪声数据集中，AdaBoost.OC 算法要优于 AdaBoost.ECC 算法。

给定：$(x_1,y_1),(x_2,y_2),\cdots,(x_m,y_m):x_i\in X,y_i\in Y,|Y|=k$

初始化：如果 $l\neq y_i,\tilde{D}_1(i,l)=1/m(k-1)$，　$\tilde{D}_1(l,l)=0\ \forall l\in Y$

For $t=1,2,\cdots,T$

　计算色彩　$\mu_t:Y\to\{-1,+1\}$

　令　$U_t=\sum_{i=1}^m\sum_{l\in Y}\tilde{D}_t(i,l)[\mu_t(y_i)\neq\mu_t(l)]$

　令　$D_t(i)=\frac{1}{U_t}\sum_{l\in Y}\tilde{D}_t(i,l)[\mu_t(y_i)\neq\mu_t(l)]$

　对于分布 D_t 上的弱分类器给定假设　$h_t:X\to\{-1,+1\}$

　令　$\tilde{h}_t(x)=\{l\in Y:h_t(x)=\mu_t(l)\}$

　令　$\tilde{\varepsilon}_t=\frac{1}{2}\sum_{i=1}^m\sum_{l\in Y}\tilde{D}_t(i,l)\cdot\left(\left[y\notin\tilde{h}_t(x_i)\right]+\left[l\in\tilde{h}_t(x_i)\right]\right)$

　令　$\alpha_t=\frac{1}{2}\ln\left(\frac{1-\tilde{\varepsilon}_t}{\tilde{\varepsilon}_t}\right)$

　更新

　$\tilde{D}_{t+1}(i,l)=\frac{1}{\tilde{Z}_t}\tilde{D}_t(i,l)\exp\left\{\alpha_t\left(\left[y\notin\tilde{h}_t(x_i)\right]+\left[l\in\tilde{h}_t(x_i)\right]\right)\right\}$

　式中：$\tilde{Z}_t$ 为归一化因子。

图 6.2　联合 Boosting 算法和输出编码的 AdaBoost.OC 算法

给定：$(x_1,y_1),(x_2,y_2),\cdots,(x_m,y_m):x_i\in X,y_i\in Y,|Y|=k$

初始化：如果 $l\neq y_i,\tilde{D}_1(i,l)=1/m(k-1)$，如果 $l=y_i,\tilde{D}_1(i,l)=0$

For $t=1,2,\cdots,T$

　计算色彩　$\mu_t:Y\to\{-1,+1\}$

　令　$U_t=\sum_{i=1}^m\sum_{l\in Y}\tilde{D}_t(i,l)[\mu_t(y_i)\neq\mu_t(l)]$

　令　$D_t(i)=\frac{1}{U_t}\sum_{l\in Y}\tilde{D}_t(i,l)[\mu_t(y_i)\neq\mu_t(l)]$

　对于分布 D_t 上的弱分类器给定假设　$h_t:X\to\{-1,+1\}$

　分别计算正的和负的投票 α_t 和 β_t 的权值

　定义

　　$g_t(x)=\alpha_t$，如果 $h_t(x)=+1$

　　$g_t(x)=\beta_t$，如果 $h_t(x)=-1$

　更新

　$\tilde{D}_{t+1}(i,l)=\frac{1}{\tilde{Z}_t}\tilde{D}_t(i,l)\exp\{(g_t(x_i)\mu_t(l)-g_t(x_i)\mu_t(y_i))/2\}$

　式中：$\tilde{Z}_t$ 为归一化因子。

图 6.3　联合 Boosting 算法和输出编码的 AdaBoost. ECC 算法

Crammer 和 Singer[Crammer, Singer (2000)]研究了如何对每个多类问题自

适应地设计编码矩阵。由于搜寻离散编码矩阵是一个 NP-难问题，因此，他们放松了条件，允许矩阵元素取连续值。这样，获得了直接求解多类问题的 SVMs 的一个变体。该方法的预测性能与 1AA 和 1A1 策略相当[Hsu, Lin (2002)]。然而，自适应训练算法的计算代价要高于预先准备的编码矩阵。

也可以将线性二分类器进行联合获得非线性多类分类器[Alpaydin, Mayoraz (1999)]。在此过程中，可得到一个多层感知器神经网络（MLP NN），其中第一个权值层表示线性分类器的参数；内部节点相应于线性分类器；最终的权值层等同于编码矩阵。该 NN 具有一个架构，并且第二层权值按照一个编码矩阵进行初始化。这样，编码矩阵和分类器参数在 NN 训练中共同进行优化。所提出的方法比这些应用线性二分类器的分解方法，如 1AA，1A1 和 ECOC 显示出了更高的精度。

Dekel 和 Singer[Dekel, Singer (2003)]开发了一个可使编码矩阵在学习过程中适应多类问题的聚束算法。首先，将训练示例映射到一个公共空间，以便易于度量输入示例以及类标之间的多样性。两个矩阵可用于映射过程，一个用于数据，另一个用于类标，并且都是编码矩阵。自适应训练算法对这两个矩阵迭代地进行自适应调整，以获得训练数据的最小误差。该误差通过在公共空间中的训练数据及其类标之间的多样性来度量。编码矩阵是概率形式的。一旦给定一个初始编码矩阵，算法就按照先前的程序对其进行调整。对于一个新的示例，算法先将其映射到新空间，然后将其类别指定为在该空间中与其最邻近的示例的类别。该算法被用于提高逻辑回归分类器的性能[Collins, et al. (2002)]。

Ratsch 等人[Ratsch, et al. (2003)]定义了一个优化问题，使得编码和嵌入函数 f 通过最大化边缘度量共同确定。嵌入函数确保同一类的示例与其各自的编码向量相接近。边缘被定义为实际类别与其最接近的不正确类别的 $\vec{\boldsymbol{f}}(\vec{\boldsymbol{x}})$ 距离之间的差异。

Pujol 等人[Pujol, et al. (2006)]提出了一种用于设计三元编码矩阵的启发式方法。该设计基于一个类别的分级划分，划分按照一个判别标准进行。该标准是特征数据与其类标之间的互信息。首先从所有的类别开始，算法通过最大化互信息度量，迭代地将特征数据划分为两个子集，直到每个子集仅包含一个类别。这些划分定义了用于编码矩阵的二分类器。对于一个 k 类问题，算法产生 k-1 个二分类器。实验中采用 DTs 和 Boost 决策树（Boosted Decision Stumps, BDS) [Freund, Schapire (1997)]作为基分类器，结果表明了算法的潜力。该算法的结果与 1AA、1A1 和随机编码矩阵的结果是相当的。

在 Lorena 和 Carvalho 的文献[Lorena, Carvalho (2007)]中，根据 GA 在多类问题中的性能，来确定三元编码矩阵。在这种情况下，编码矩阵在每个多类问题中进行自适应的调整。应用 GA 的另一个目标是最小化矩阵中列的数目，以产生更为简单的分解。

第7章　分类器集成的评价

在本章中，我们讨论分类器集成评价的主要概念和性能指标。

对集成性能的评价是模式识别领域的一个基础性问题，评价对于理解某个集成算法的性能以及调整其参数都是至关重要的。

尽管已经存在多个用于评价分类器集成的预测性能的标准，但其他诸如所生成集成的计算复杂性或可理解性也是非常重要的。

7.1　泛化误差

真实的预测性能度量是选择诱导器主要的标准。另外，预测性能度量，如精度则认为是一个客观的和定量的指标，并很容易用于基准算法。

除了通过实验研究验证一个新的特定的集成方法的性能之外，还存在多个大规模的对比研究，这有助于研究人员做出决策。

令 $E(S)$ 为在数据集 S 上训练的集成。$E(S)$ 的泛化误差是按照带类标的示例空间的分布 D，对任意个选定示例的误分类概率。一个集成的分类精度是 1 减去泛化误差，训练误差是在训练集中被集成正确分类的样本的百分比，其定义为

$$\hat{\varepsilon}\left(E(S),S\right)=\sum_{(x,y)\in S}L\left(y,E(S)(x)\right) \tag{7.1}$$

式中：$L\left(y,E(S)(x)\right)$ 是由式（1.3）定义的 0-1 损失函数。

在本书中，分类精度是首要的评价指标。

尽管泛化误差是一个自然的标准，但其值仅在极少的情况下是可计算的（主要是在人工数据集中）。因为示例空间的分布 D 往往是未知的。

我们可以将训练误差当作泛化误差的一个估计。然而，采用训练误差将必然产生一个估计偏差，尤其是当诱导器对训练数据存在过拟合的情况时。有两种主要的方法用于估计泛化误差：理论方法和实验方法。在本书中，对这两种方法都要进行讨论。

7.1.1　泛化误差的理论估计

一个低的训练误差不能确保低的泛化误差。因而经常需要在训练误差和作

为泛化误差的一个预测器被配置到训练误差的置信水平之间做出一个平衡，该置信水平由泛化误差和训练误差之间的差异度量。诱导器的容量是确定训练误差置信水平的一个主要因素。通常来说，一个诱导器的容量显示了它能诱导的分类器的多样性。Breiman 关于随机森林的泛化误差的上界[Breiman (2001)]可表示为“关于度量个体分类器的精度以及它们之间的一致性的两个参数”。虽然 Breiman 的界在理论上是正确的，但它并不是非常紧致的泛化误差界[Kuncheva (2004)]。Bartlett 和 Traskin [Bartlett, Traskin (2007)]指出，如果在 $m^{1-\alpha}$ 次迭代之后停止的足够早，则 AdaBoost 算法几乎是稳定一致的（集成的风险收敛到贝叶斯风险），其中 m 是训练集的规模。但是他们并不能确定该迭代次数是否可以增加。

相对于训练集规模的，有许多成员组成的大的集成很容易获得一个低的训练误差。另外，这些集成也许仅仅是对模式样本的记忆或过拟合，因此表现出较差的泛化误差。在这种情况下，具有低训练误差的集成就很可能是具有高泛化误差的很差的一个预测器。如果情况与此相反，也就是说，当诱导器的容量对于给定样本来说很小，则诱导器对于数据来说也许是欠拟合的，这样表现出的训练误差和泛化误差都很高。

在《泛化的数学》[Wolpert (1995)]一文中讨论了 4 种用于估计泛化误差的理论框架：概率逼近较正（PCA）、VC 维、贝叶斯以及统计物理学。所有这些框架都将训练误差（很容易计算）与一些表示诱导器容量的惩罚项相结合。

7.1.2 泛化误差的实验估计

另一种用于估计泛化误差的方法是持续法，该方法将给定的数据集随机地划分为两个子集：训练集和测试集。通常，2/3 的数据划分给训练集，剩下 1/3 的数据配置给测试集。首先，训练集被用于诱导器来构建一个合适的分类器，然后在测试集上度量该分类器的误分率。测试集误差通常就能比训练集误差提供一个泛化误差的更好的估计。这一结论的原因是训练误差通常对泛化误差是欠估计的（因为过拟合现象）。然而，由于只利用了整个数据的一部分推导模型，所以估计的精度不太高。

持续法的一个变体可用于数据有限的情况。通常的做法是对数据进行重采样，也就是说，以不同的方式将数据划分为训练集和测试集。诱导器在每个划分上都进行训练和测试，并将结果的精度进行平均化处理。通过这种方法，就可以得到诱导器真实泛化误差的更合理的一个估计。

随机子采样和 n 倍交叉验证是实现重采样通常使用的两种方法。在随机子采样方法中，原始数据被多次随机地划分为互不重叠的训练集和测试集，再对每个划分得到的误差进行平均。在 n 倍交叉验证方法中，原始数据被随机地划分为 n 个基本同等大小的、互斥的子集。每个诱导器被训练和测试 n 次；每次

用 n 个子集中的一个数据子集进行测试，用剩下 $n-1$ 个子集组成的数据进行训练。

交叉验证估计得到的泛化误差是全部误分类的数目，是被原始数据中样本的数目分割开的。随机子采样方法具有可重复无限次的优势。然而，其缺点是测试集并不是按照原始样本的潜在分布独立提取出来的。因此，通过随机子采样采用 t-测试计算成对的差异可能导致类型 I 误差的增加，即测试结果可能会输出一个实际上不存在的显著差异。在交叉验证方法中，对每个子集产生的泛化误差采用 t-测试可降低类型 I 误差，但也可能会导致一个泛化误差的不稳定估计。因此，通常是将 n 倍交叉验证重复 n 次，以获得一个稳定的估计。然而，这样做必然会导致测试集的非独立性，并增加类型 I 误差。但是，对于这一问题并没有一个满意的解决方案。Dietterich [Dietterich (1998)]提出了另一个测试方法，该方法具有较低的类型 I 误差概率，但是类型 II 误差概率比较高，即当差异实际上存在时，并不能输出一个显著的差异性结果。

分层化处理经常用于随机子采样和 n 倍交叉验证，分层化可确保训练集和测试集保持整个原始数据集的类别分布。实验证明分层化有助于减小估计误差的方差，尤其是对于类别数较多的数据而言。

另一个交叉验证方法的变体是自举法（Bootstraping），该方法是一个利用与初始样本集大小相同的 n 个数据集的 n 倍交叉验法。该方法利用替换策略和留一法策略均匀地对训练样本进行采样。在每次迭代中，分类器在 $n-1$ 个从初始样本集 S 上随机选择的样本组成的数据集上进行训练，并用剩余的样本进行测试。

Dietterich [Dietterich (2000a)] 比较了 3 种用于构建 C4.5 算法分类器集成的方法：随机化方法、Bagging 算法和 Boosting 算法。实验表明，当数据中的噪声较低时，Boosting 算法的结果最好。Bagging 算法和随机化方法的效果大体相当。另一项研究[Bauer, Kohavi (1999)]对比了采用决策树和朴素贝叶斯作为分类器的 Bagging 算法和 Boosting 算法。该研究认为 Bagging 算法减小了不稳定方法的方差，而 Boosting 算法同时减小了不稳定方法的偏差和方差，但增加了稳定方法的方差。

Opitz 和 Maclin 的文献[Opitz, Maclin (1999)]对比了采用神经网络和决策树的 Bagging 算法和 Boosting 算法，结果显示 Bagging 算法的精度有时远小于 Boosting 算法。该研究还表明 Boosting 算法的性能对数据集的特性非常敏感，尤其是 Boosting 算法会对噪声数据产生过拟合，并减小分类精度。

Villalba 等人[Villalba, et al.(2003)]对比了 7 种不同的 Boosting 算法。他们认为对于二分类任务而言，著名的 AdaBoost 算法是首选。然而，对于多类任务来说，其他的 Boosting 算法，如 GentleAdaBoost 可以加以考虑。

最近的一项研究评价了利用 Bagging 算法和其他 7 种随机化策略构造决策树分类器集成的方法 [Banfield, et al. (2007)]。实验中对各算法在 57 种公共数据集上进行了统计测试，当应用交叉验证进行统计意义上的对比测试时，最好的方法仅在 57 个数据集中的 8 个数据集上，比 Bagging 算法在统计上更精确。Banfield 等人还对各算法在所有数据集上的表现进行了平均排序，结果发现 Boosting 算法、随机森林算法和随机化树算法在统计上都要显著地好于 Bagging 算法。

Sohna[Sohna (2007)]假设基诱导器是逻辑回归的前提下，对比了多个集成方法（Bagging 算法、改进的随机子空间方法、分类器选择和参数融合）与单个分类器之间的性能。在对比研究中他们考虑了多个因素，包括输入变量间的相关性、观测值的方差和训练数据的规模。结果显示，对于大规模的训练数据集，单个逻辑回归分类器与 Bagging 算法在性能上并没有显著的差异。然而，当训练数据集比较小时，Bagging 算法要优于单个逻辑回归分类器。当训练数据集规模比较小并且相关性较比强时，改进的随机子空间方法和 Bagging 算法要优于其他方法。当相关性比较差并且方差也比较小时，参数融合和分类器选择算法的表现是最差的。

7.1.3 精度度量的替代者

精度对于类别分布不平衡的模型的评价并不是一个充分的度量。在这种情况下，精度评估也许会误导一个诱导的分类器的性能。当数据集中所包含的多数类示例的数目远大于少数类时，在测试时总更易选择多数类别并获得较高的精度性能。因此，在这种情况下，敏感性和专一性度量可用于替代精度度量[Han, Kamber (2001)]。

敏感性（也称为可恢复性）评估分类器能够识别正样本的能力，其定义为

$$\text{Sensitivity} = \frac{\text{true\_positive}}{\text{positive}} \tag{7.2}$$

式中：true_positive 为相应于正确分类的正样本的数目；positive 为已知正样本的数目。

专一性评估分类器能够识别负样本的能力，其定义为

$$\text{Specificity} = \frac{\text{true\_negative}}{\text{negative}} \tag{7.3}$$

式中：true_negative 为相应于正确分类的负样本的数目；negative 为已知负样本的数目。

另一个著名的性能度量是精密度。精密度评估有多少正样本确实被分类为正样本。此度量在清晰分类器用于整个数据集的分类评价时是有用的，其定义为

$$\text{Precision} = \frac{\text{true\_positive}}{\text{true\_positive} + \text{false\_positive}} \tag{7.4}$$

基于以上的定义，精度可定义为敏感性和专一性的函数

$$\text{Accuracy} = \text{Sensitivity} \cdot \frac{\text{positive}}{\text{positive} + \text{negative}} + \text{Specificity} \cdot \frac{\text{negative}}{\text{positive} + \text{negative}} \tag{7.5}$$

7.1.4 *F*-度量

通常在精密度和可恢复性度量之间存在着一定的平衡。如果想要提高一个度量值必然会降低另一个度量值。图 7.1 给出了一个典型的精密度-可恢复性示意图。该二维图与著名的接收者操作特征（ROC）紧密相关，在 ROC 中正确分类的正样本率（可恢复性）作为 Y 轴，负样本率作为 X 轴[Ferri, et al. (2002)]。然而，与精密度-可恢复性度量图不同的是，ROC 曲线总是凸的。

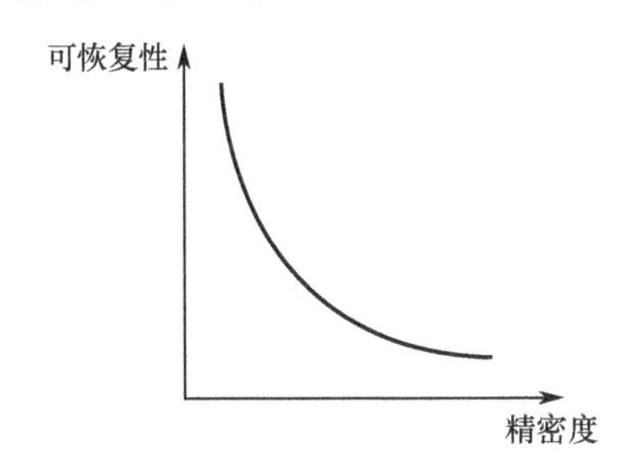

图 7.1　一个典型的精密度-可恢复性示意图

给定一个概率分类器，该平衡图可通过不同的阈值得到。在一个二分类问题中，如果对于“不通过”的概率大于或等于 0.5 时，分类器会将类别配置为“不通过”，而不是“通过”。那么，通过设置一个不同于 0.5 的阈值，就可以得到平衡图。

对于一个多标准决策问题（MCDM），最简单并且最通常的求解方法是加权和模型。该方法利用合适的权值将多个标准联合成一个单一的值，其背后的基本原理是加性效用假设。并且这些标准必须是数值的、可比较的和用同一个单位表示的。然而，在这里讨论的问题中，算术平均有可能被误导，作为一个替代，调和平均可提供一个更好的“平均”的概念。具体来说，这一度量定义为[Van Rijsbergen (1979)]

$$F = \frac{2 \cdot P \cdot R}{P + R} \tag{7.6}$$

F-度量的直觉意义可如图 7.2 所示。图 7.2 给出了一个普遍意义的示意图，其中右边的椭球表示所有数据集，该数据集是不完善的，左边的椭球表示被某个分类器分类得到的数据集。两个集合的交集部分表示正确分类的正样本（TP），剩余的部分表示错误的负样本（FN）和错误的正样本（FP）。某个分类器性能的直觉评价是度量这两个集合的匹配程度，即度量无阴影区域的大小。由于绝对值大小是无意义的，所以要在计算比例区域时进行归一化。无阴影区

域的比例值为 F-度量，即

$$\text{无阴影区域的比例值}=\frac{2\cdot(\text{True Positive})}{\text{False Positive}+\text{False Negative}+2\cdot(\text{True Positive})} \tag{7.7}$$

F-度量的取值范围为 0～1。当图 7.2 中所示的两个集合重合时 F-度量取最高值，当两个集合互斥时取最低值。需注意的是，在精密度-可恢复性上的每个点也许会有一个不同的 F-度量值。另外，不同的分类器具有不同的精密度-可恢复性图。

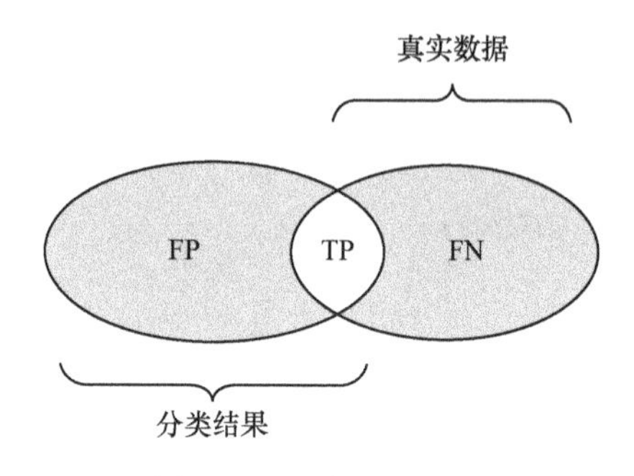

图 7.2　F-度量示意图

7.1.5　混淆矩阵

混淆矩阵用于显示分类（判别）规则的性能。它包含了每个类别正确分类或不正确分类的样本的数目。可以从矩阵的主对角线上获知每个类别正确分类的样本的数目；矩阵中远离对角线的元素显示了不正确分类的样本的数目。混淆矩阵的优点在于可以很容易看出系统是否混淆了两个类别（将一个类别误分为另一个类别）。

对于测试集中的每个示例，我们对其实际分类类别与配置给训练集的类别进行对比。一个正（负）样本被分类器正确分类，则称为一个 true positive (true negative)；一个正（负）样本被分类器错误分类，则称为一个 false positive (false negative)。这些数值可组成一个如表 7.1 所列的混淆矩阵。

基于表 7.1，可以计算以上定义的所有度量：

（1）精度为 $(a+d)/(a+b+c+d)$。

（2）误分率为 $(b+c)/(a+b+c+d)$。

（3）精密度为 $d/(b+d)$。

（4）正确正样本比率（可恢复度量）为 $d/(c+d)$。

（5）错误正样本比率为 $b/(a+b)$。

（6）正确负样本比率（专一性）为 $a/(a+b)$。

（7）错误负样本比率为 $c/(c+d)$。

表 7.1　一个混淆矩阵

样本	预测为负	预测为正
负样本	A	B
正样本	C	D

7.1.6　在有限资源下的分类器的评价

当采用有限额度的概率分类器作为候选基分类器时，上面所提到的评价度量是不充分的。这在实际应用中是一个普遍的情况，因为资源受限就必需考虑代价成本。资源受限阻止集成选择所有的个体。例如，在直销应用中，不是将货物寄给列表上的每个人，而是必须应用一个有限的额度，即邮给那些对市场报价具有最高正响应概率，并且没有超过销售预算的顾客。

另一个示例，涉及在一个航空集散站的安全官员。“9·11”事件之后，该安全官员需要对所有可能会携带危险设备（例如剪刀、笔形刀和剃须刀片）的乘客进行搜查。为此，该官员利用一个分类器，以便能够将每个乘客区分为类别 A（意味着携带危险设备），或类别 B（意味着安全）。

假设搜查一名乘客是一项费时的任务，并且安全官员在每个航班中仅能搜查 20 名乘客。如果分类器将超过 20 名乘客标识为类别 A，那么该官员就需要搜查所有的乘客。然而，如果分类器将超过 20 名乘客标识为类别 A，该官员就需要确定哪一个标识为类别 A 的乘客必须忽略掉。另外，如果少于 20 名乘客分类为 A，该持续工作的官员就必须决定在他完成搜查标识为 A 的乘客后，谁来搜查标识为 B 的乘客。

还有一种情况就是额度限制是已知存在的，但其大小事先并不知道。然而，决策者更愿意去评价分类器期望的性能。例如，这种情况会发生在某些国家在处理被接受为某个州立大学的某个系的大学生的数目时。对于一个给定年度的实际额度按照不同的参数设置，包括政府预算。在这种情况下，决策者在不知道确切的额度大小时，更愿意用多个分类器选择申请者。事先找到合适的分类器是很重要的，因为所选择的分类器可以指定重要的特征是什么，即申请者应该提供的注册和允许入学的信息。

在概率分类器中，上面所讨论的精密度和可恢复性的定义可被扩展并定义为一个概率阈值 τ 的函数。例如，基于一个包含 n 个示例的测试集 $\left(\langle \boldsymbol{x}_1, \boldsymbol{y}_1\rangle, \langle \boldsymbol{x}_2, \boldsymbol{y}_2\rangle, \cdots, \langle \boldsymbol{x}_n, \boldsymbol{y}_n\rangle\right)$ 评价一个分类器，式中 $\boldsymbol{x}_i$ 为示例 i 的输入特征向量，$\boldsymbol{y}_i$ 表示其真实的类别（“正”或“负”），那么

$$\text{Precision}(\tau) = \frac{\left|\left\{\langle \boldsymbol{x}_i, \boldsymbol{y}_i\rangle : \hat{P}_E\left(\text{pos}|\boldsymbol{x}_i\right) > \tau, \boldsymbol{y}_i = \text{pos}\right\}\right|}{\left|\left\{\langle \boldsymbol{x}_i, \boldsymbol{y}_i\rangle : \hat{P}_E\left(\text{pos}|\boldsymbol{x}_i\right) > \tau\right\}\right|} \tag{7.8}$$

$$\text{Recall}(\tau)=\frac{\left|\left\{\langle \boldsymbol{x}_i,\boldsymbol{y}_i\rangle:\hat{P}_E(\text{pos}|\boldsymbol{x}_i)>\tau,\boldsymbol{y}_i=\text{pos}\right\}\right|}{\left|\left\{\langle \boldsymbol{x}_i,\boldsymbol{y}_i\rangle:\boldsymbol{y}_i=\text{pos}\right\}\right|} \tag{7.9}$$

式中：E 为一个用于估计一个观测 x_i 样本是“正”样本的条件似然的概率集成，该条件似然表示为 $\hat{P}_E(\text{pos}|x_i)$。

典型阈值 0.5 意味着该示例预测为“正”样本的概率必须高于 0.5。通过改变 τ 的值，可以控制被分类为“正”样本的数目。因此，τ 值可调整到需要的额度大小。因为多个样本也许具有相同的条件概率，所以额度大小并不要求逐一增加。

以上的讨论都是基于分类问题是二元的假设。在多类的情况下，也可以很容易地将一个类别与剩余所有类别当作二分类问题进行适应性调整。

7.1.6.1 ROC 曲线

另一个度量是接收者操作特征（ROC）曲线，该度量显示了正确正分类率与错误正分类率之间的平衡[Provost, Fawcett (1998)]。图 7.3 显示了一个 ROC 曲线，其中 X 轴表示错误正分类率，Y 轴表示正确正分类率。在 ROC 曲线上的最理想的点应该在 $(0,1)$，即所在正样本都被正确分类，并且没有负样本被分类为正样本。

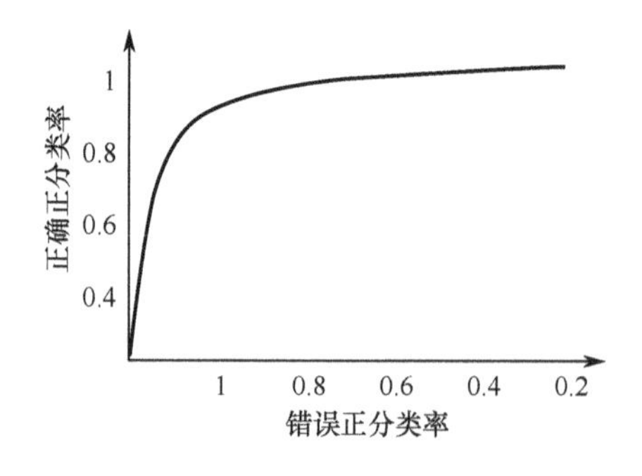

图 7.3　一个典型的 ROC 曲线

ROC 凸壳可以作为一个辨识潜在的最优分类器的鲁棒性的方法[Provost, Fawcett (2001)]。给定一组 ROC 曲线，ROC 凸壳能够包括接近 ROC 空间西北前沿面的那些点。如果一条直线穿过 ROC 凸壳上的一个点，那么不存在另一条直线以相同的斜率和更大的正确分类的正样本（TP）作为斜距穿过凸壳上的另一个点。因此，在与该斜率相一致的任何分布假设下，在该点的分类器都是最优的。

7.1.6.2 命中率曲线

命中率曲线给出了作为额度大小的一个函数的命中比率[An, Wang (2001)]。命中率通过在一个给定的额度内对实际正样本的计数来计算。对于额度为 j 的一个有序样本集，命中率的精确定义为

$$\mathrm{HitRate}(j)=\frac{\sum_{k=1}^{j}t^{[k]}}{j} \tag{7.10}$$

式中：$t^{[k]}$为当样本按照其分类为“正”的条件概率降序排列时，位于第k个位置的样本的正确期望分类结果。如果第k个位置是唯一定义的（仅有一个样本位于该位置），那么$t^{[k]}$或者为0，或者为1，其值取决于该样本的实际分类结果。然而如果第k个位置不是唯一定义的，并且存在$m_{k,1}$个样本位于该位置，其中$m_{k,2}$个样本是正确正分类的，那么

$$t^{[k]}=m_{k,2}/m_{k,1} \tag{7.11}$$

整个测试集的$t^{[k]}$之和等于分类为“正”的样本的数目。另外$\mathrm{HitRate}(j)\approx \mathrm{Precision}\left(p^{[j]}\right)$，式中$p^{[j]}$为$\hat{P}_I(\mathrm{pos}|x_1),\hat{P}_I(\mathrm{pos}|x_2),\cdots,\hat{P}_I(\mathrm{pos}|x_m)$的第$j$阶。当第$j$个的值是唯一定义时，公式严格相等。

7.1.6.3 Qrecall（额度可恢复性）

上面提到的命中率度量对于额度有限问题来说，与“精密度”是等价的。类似地，我们认为Qrecall对于额度有限问题来说，是与“可恢复性”等价的。在一个有序列表中的某个位置的Qrecall值等于从列表头到该位置的正样本的数目除以整个样本集的总的正样本的数目。因此，对于额度为j的Qrecall定义为

$$\mathrm{Qrecall}(j)=\frac{\sum_{k=1}^{j}t^{[k]}}{n^{+}} \tag{7.12}$$

式中分母表示整个数据集中被分类为正样本的总个数，其定义为

$$n^{+}=\left|\left\{\langle x_i,y_i\rangle : y_i=\mathrm{pos}\right\}\right| \tag{7.13}$$

7.1.6.4 Lift 曲线

评价概率模型的一个流行的方法是 Lift [Coppock (2002)]。首先将一个排序测试集划分为多个部分（通常是 10 等分），Lift 的计算如下：在一个特定分组的真实正样本率除以整个数据集的真实正样本率的平均。无论测试集如何划分，如果 Lift 从列表顶端到底端的值是逐渐下降的，则该模型就是一个好的模型。在一个好的模型中，Lift 在顶端分组中值大于 1，而在底端分组中的值小于 1。图 7.4 显示了一个典型模型预测的 Lift 表。模型之间的比较可以通过顶端分组的 Lift 的对比进行，其结果取决于可用的资源和成本代价。

7.1.6.5 Pearson 相关因子

还有一些统计度量可用于模型的性能评价。这些度量很有名，并出现在许多统计类的著作中。在这一节中，我们考查一下 Pearson 相关因子。此度量可用于求解排序估计的条件概率（$p^{[k]}$）与排序实际期望结果（$t^{[k]}$）之间的相关

性。Pearson 相关因子可以-1～+1 之间取值，其中+1 表示最强的正相关。此度量不仅考虑了一个样本的正常位置，而且也考虑了其值(其所附属的估计概率)。两个随机变量的 Pearson 相关因子通过二者的协方差除以两个标准偏差之积计算。在这种情况下，假设额度为 j 下的两个变量的标准偏差为

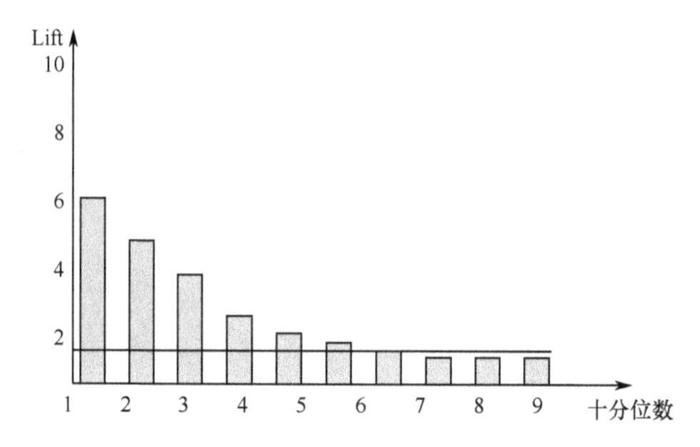

图 7.4　一个典型预测的 Lift 表

$$\sigma_p(j)=\sqrt{\frac{1}{j}\sum_{i=1}^{j}\left(p^{[i]}-\overline{p}(j)\right)};\quad \sigma_t(j)=\sqrt{\frac{1}{j}\sum_{i=1}^{j}\left(t^{[i]}-\overline{t}(j)\right)} \tag{7.14}$$

式中：$\overline{p}(j)$，$\overline{t}(j)$分别为 $p^{[i]}$和 $t^{[i]}$的平均，即

$$\overline{p}(j)=\frac{\sum_{i=1}^{j}p^{[i]}}{j};\quad \overline{t}(j)=\frac{\sum_{i=1}^{j}t^{[i]}}{j}=\text{HitRate}(j) \tag{7.15}$$

协方差计算如下为

$$\text{Cov}_{p,t}(j)=\frac{1}{j}\sum_{i=1}^{j}\left(p^{[i]}-\overline{p}(j)\right)\left(t^{[i]}-\overline{t}(j)\right) \tag{7.16}$$

因此，对于额度为 j 的 Pearson 相关因子为

$$\rho_{p,t}(j)=\frac{\text{Cov}_{p,t}(j)}{\sigma_p(j)\cdot\sigma_t(j)} \tag{7.17}$$

7.1.6.6　曲线下面积（AUC）

对于不设限定额度的概率模型的评价并不是一项烦锁的任务。而利用前面讨论的连续度量，如命中率、ROC 曲线和 Lift 表评价就会带来问题。这些度量只有当一个模型在曲线空间处于支配地位时，才能对于“哪个模型是最好的？”这一问题给出一个明确的答案，这就意味着所有其他模型的曲线在整个图表空间都低于或等于此模型的曲线。如果并不存在一个占支配地位的模型，那么仅利用前面讨论过的连续度量，对于上面的问题就没有答案。因为完全的排序要求曲线间没有交叉重叠。当然，在实际应用中几乎不存在一个占支配地位的模型。最好的答案可通过比较模型的面积来获得。如图 7.5 所示，每个模型在不

同的区域下得到不同的值。如果必需对所有模型进行一个完全的排序，必须要引入其他的度量。

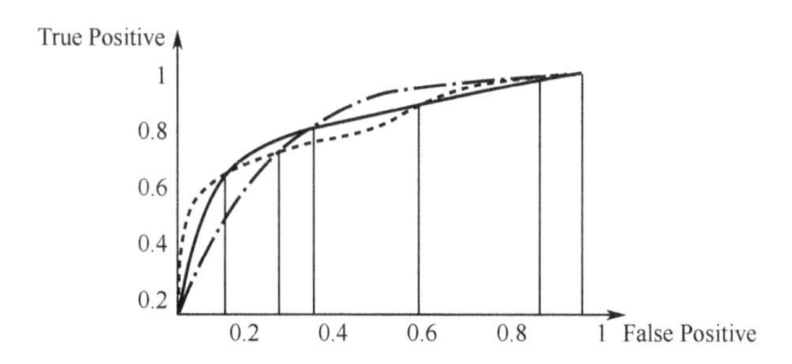

图 7.5　展示了具有支配地位者的面积。ROC 曲线是一个给出具有支配地位者的面积的度量的例子，但并不对模型进行完全的排序。在此例中等虚线模型对于 f.p(false positive) < 0.2 是最好的选择。全实线模型对于 0.2 < f.p < 0.4 是最好的选择。点线模型对于 0.4 < f.p < 0.9 是最好的选择，并且从 0.9 到 1 等虚线模型再次成为最好的选择。

ROC 曲线下的面积（AUC）对于分类器性能是一个有用的指标，因为它对于所选择的决策标准和先验概率都是独立的。通过对比 AUC 可以在分类器之间建立一个支配性的关系。如果 ROC 曲线出现交叉重叠，整个 AUC 是模型间的平均对比[Lee (2000)]。其值越大，模型的性能越好。与其他度量相反，AUC 训练集的非平衡无关[Kolcz (2003)]。因此，两个分类器的 AUC 的比较比误分率之间的比较更加公平直接，也包含更多的信息。

7.1.6.7　平均命中率

平均命中率是所有命中率的一个加权平均。如果模型是最优的，那么所有实际的正样本都位于排序列表的顶端，并且平均命中率为 1。这一度量适用于最小化类型Ⅱ统计误差的情况（尽管某个样本被标识为“负”，也将其包括在额度内）。对于二分类问题平均命中率的定义为

$$\text{AverageHitRate} = \frac{\sum_{j=1}^{n} t^{[j]} \cdot \text{HitRate}(j)}{n^{+}} \tag{7.18}$$

式中：$t^{[j]}$ 由式（7.11）定义，并用于一个加权因子。

需注意的是，平均命中率忽略了实际被分类为“负”的唯一位置的所有命中率（因为在这种情况下 $t^{[j]}=0$ ）。

7.1.6.8　平均 Qrecall

平均 Qrecall 的值等于在测试集中从正样本数目的位置到列表底部所有 Qrecall 的平均。平均 Qrecall 适用于需要最小化类型Ⅰ统计误差的情况（不将某个样本包含在额度内，尽管事实上该样本被标识为“正”）。平均 Qrecall 的定义为

$$\frac{\sum_{j=n^+}^{n}\text{Qrecall}(j)}{n-(n^+-1)} \tag{7.19}$$

式中：n为样本的总数；n^+的定义见式（7.13）。

表 7.2 显示了对于一个包含 10 个样本的数据集的平均 Qrecall 和平均命中率的计算，该表按照其被分类为“正”的期望条件概率以降序对示例进行列表。由于所有的概率都是唯一的，第 3 列（$t^{[k]}$）显示实际的类别（“1”表示“正”，“0”表示“负”）。平均值即是各子项的算术平均。

表 7.2　计算平均 Qrecall 和平均命中率的一个实例

序号	正样本概率	$t^{[k]}$	Qrecall	Hit Rate
1	0.45	1	0.25	1
2	0.34	0	0.25	0.5
3	0.32	1	0.5	0.667
4	0.26	1	0.75	0.75
5	0.15	0	0.75	0.6
6	0.14	0	0.75	0.5
7	0.09	1	1	0.571
8	0.07	0	1	0.5
9	0.06	0	1	0.444
10	0.03	0	1	0.4
		均值为	0.893	0.747

平均 Qrecall 和平均命中率在最优分类中取值为 1，其中所有的正样本位于列表的顶端，如表 7.3 所列。这两个评价指标的主要区别如表 7.4 所列。

表 7.3　在一个最优预测中的 Qrecall 和命中率

序号	正样本概率	$t^{[k]}$	Qrecall	Hit Rate
1	0.45	1	0.25	1
2	0.34	1	0.5	1
3	0.32	1	0.75	1
4	0.26	1	1	1
5	0.15	0	1	0.8
6	0.14	0	1	0.667
7	0.09	0	1	0.571
8	0.07	0	1	0.5
9	0.06	0	1	0.444
10	0.03	0	1	0.4
		均值为	1	1

表 7.4 Qrecall 和命中率的特点

参数	命中率（Hit Rate）	Qrecall
递增/递减函数	非单调的	单调递增
末尾点	集合中正样本的比例	1
对正样本度量值的敏感性	对于列表顶端的正样本非常敏感，对列表底端的正样本的敏感性逐渐下降	对列表中所有正样本具有相同的敏感性
负类对度量值的影响	一个负样本会影响度量值并使其值降低	一个负样本对度量值没有影响
取值范围	0≤Hit Rate≤1	0≤Qrecall≤1

7.1.6.9 潜在提取度量（PEM）

为了更好地理解 Qrecall 曲线，本节研究随机预测和最优预测。

假设数据集没有应用学习过程，并且所产生的用于预测的列表是其原始顺序（随机）的测试集。并假设正样本在整个数据集中呈均匀分布，那么随机大小的额度包含大量的正样本，与数据集中正样本的先验比例相一致。因此，一个描述均匀分布（可看作是一个没有经过任何学习的随机猜测预测模型）的 Qrecall 曲线是一条直线，其始点为 0（对于 0 额度），末点为 1。

假设一个模型可给出最优预测，那就意味着所有正样本位于列表的顶端，并且正样本下面是所有的负样本。在这种情况下，Qrecall 曲线线性爬升直到在点 n^+ 达到值 1（n^+=正样本的数目）。从该点开始，任何大于 n^+ 的额度提取所有潜在的测试集，并且值 1 一直保持到列表末尾。

一个优于随机分类的“好模型”尽管不是一个最优模型，但仍将位于这两种曲线的“平均位置”。有时它也许会低于随机曲线，但是通常情况下，大部分区域位于“好模型”曲线与随机模型曲线之间，并且比后者高的部分要多于比它低的部分。如果相反，则该模型就是一个比随机猜测性能低的“差模型”。

最后的观察导致去考虑一个评价模型性能的度量，该度量通过综合所检测模型的 Qrecall 曲线和随机模型的 Qrecall 曲线（是一条直线）之间的面积实现。线性曲线以上的面积被加进来，而线性曲线以下的面积被减去。面积通过每个点上模型分类的 Qrecall 减去一个随机分类的 Qrecall 来计算，如图 7.6 所示。模型性能优于一个随机猜测的面积增加该度量值，而模型性能低于一个随机猜测的面积减小该度量值。如果最后总的计算面积位于最优模型 Qrecall 曲线和随机模型（线性）Qrecall 曲线之间，那么该度量就达到势能被提取的程度，并且独立于数据集中示例的个数。

PEM 的定义为

$$\text{PEM}=\frac{S_1-S_2}{S_3} \tag{7.20}$$

式中：S_1 为所检测模型的 Qrecall 曲线高于一个随机模型的 Qrecall 曲线的面积；S_2 为所检测模型的 Qrecall 曲线低于一个随机模型的 Qrecall 曲线的面积；S_3 为最优模型的 Qrecall 曲线与随机模型的 Qrecall 曲线之间的面积。

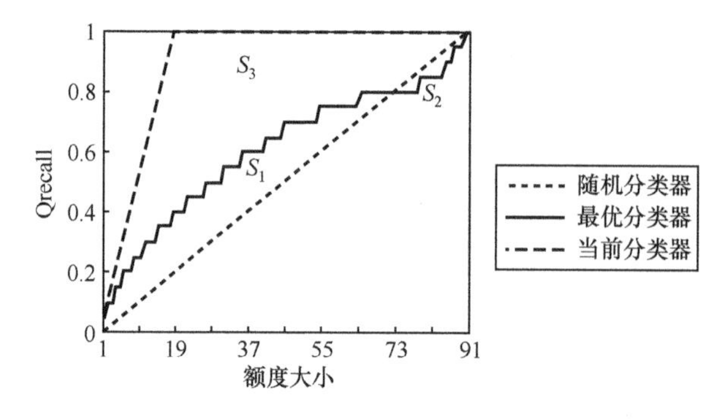

图 7.6　PEM 的定性表示

式（7.20）中以 S_3 作为分母是为了对度量进行归一化，因此不同大小的数据集的度量都可以进行相互比较。以这种方式，如果模型是最优的，那么 PEM 就取值为 1。如果模型的性能与一个随机模型相同，则 PEM 取值为 0。如果它达到最差的可能结果（它将正样本置于列表的底部），那么 PEM 取值为-1。基于以上定义的概念，PEM 可用公式表示为

$$\text{PEM}=\frac{S_1-S_2}{S_3}=\frac{\sum_{j=1}^{n}\left(\text{Qrecall}(j)-\dfrac{j}{n}\right)}{\sum_{j=1}^{n^+}\left(\dfrac{j}{n^+}\right)+n^- -\sum_{j=1}^{n}\left(\dfrac{j}{n}\right)} \tag{7.21}$$

$$=\frac{\sum_{j=1}^{n}\left(\text{Qrecall}(j)\right)-\dfrac{(n+1)}{2}}{\dfrac{\left(n^+ +1\right)}{2}+n^- -\dfrac{(n+1)}{2}}=\frac{\sum_{j=1}^{n}\left(\text{Qrecall}(j)\right)-\dfrac{(n+1)}{2}}{\dfrac{n^-}{2}} \tag{7.22}$$

式中：n^- 为实际被分类为“负”的样本的数目。表 7.5 所列为 PEM 对于表 7.2 中的样本的计算结果。需注意的是，随机 Qrecall 并不表示某个实现的值，而是期望值。最优 Qrecall 通过位于列表顶部的“正”样本计算。

需指出的是，PEM 有点类似于经济领域中处理收入分布时，从 Lorentz 曲线产生的 Gini 指标。的确，该度量显示了在一个预测中正样本的分布与均匀分布的差异。这一度量也显示了模型在每一点的总的 Lift 指标。在每个额度大小中，检测模型的 Qrecall 与一个随机模型的 Qrecall 之间的差异表达了在利用该模型提取测试集的势能时的 Lift 值。

表 7.5　以表 7.2 中的样本来计算 PEM 的例子

序号	成功概率	$t^{[k]}$	模型 Qrecall	随机 Qrecall	最优 Qrecall	S_1	S_2	S_3
1	0.45	1	0.25	0.1	0.25	0.15	0	0.15
2	0.34	0	0.25	0.2	0.5	0.05	0	0.3
3	0.32	1	0.5	0.3	0.75	0.2	0	0.45
4	0.26	1	0.75	0.4	1	0.35	0	0.6
5	0.15	0	0.75	0.5	1	0.25	0	0.5
6	0.14	0	0.75	0.6	1	0.15	0	0.4
7	0.09	1	1	0.7	1	0.3	0	0.3
8	0.07	0	1	0.8	1	0.2	0	0.2
9	0.06	0	1	0.9	1	0.1	0	0.1
10	0.03	0	1	1	1	0	0	0
					总计为	1.75	0	3

7.1.7　用于对比集成的统计测试

下面讨论 Dietterich 的文献[Dietterich (1998)]所提出的最普遍的统计方法，以回答以下的问题：给定两个诱导器 A 和 B，以及一个数据集 S，当用同样大小的数据来训练时，哪个诱导器能够产生更精确的分类器？

7.1.7.1　McNemar 的测试

令 S 是适用的数据集，将其分为一个训练集 R 和一个测试集 T。然后在该训练集上训练两个诱导器 A 和 B，并得到两个分类器。利用集合 T 中的每一个样本 $x \in T$ 对这些分类器进行测试，并记录其分类结果。由此便得到表 7.6 所列的结果。

表 7.6　McNemar 的测试：可能性列表

两个分类器误分的样本数（n_{00}）	被 $\hat{f}_A$ 误分但没有被 $\hat{f}_B$ 误分的样本数（n_{01}）
被 $\hat{f}_B$ 误分但没有被 $\hat{f}_A$ 误分的样本数（n_{10}）	分类器 $\hat{f}_A$ 和 $\hat{f}_B$ 都没有误分的样本数（n_{11}）

在零假设 H_0 下这两个诱导器应该具有相同的误差率。McNemar 的测试基于 χ^2 测试，以得到用于比较在零假设下期望值与观测值的分布的曲线配合适度。在零假设 H_0 下的期望值如表 7.7 所列。

表 7.7　零假设 H_0 下的期望值

n_{00}	$(n_{01}+n_{10})/2$
$(n_{01}+n_{10})/2$	n_{11}

下面的统计变量 s 是自由度 1 的 χ^2 分布，它引入了一个“连续校正”项（在分子中引入-1），来处理该统计变量是离散的而分布 χ^2 连续的问题，即：

$$s=\frac{\left(\left|n_{10}-n_{01}\right|-1\right)^2}{n_{10}+n_{01}} \tag{7.23}$$

按照概率理论[Athanasopoulos, 1991]，如果零假设是正确的，统计变量s的值大于$\chi^2_{1,0.95}$的概率小于 0.05，即$P\left(|s|>\chi^2_{1,0.95}\right)<0.05$。然后，为了对比诱导器A和B，在集合$T$上对诱导的分类器$\hat{f}_A$和$\hat{f}_B$进行测试，并用上面的方法对$s$的值进行估计。如果$|s|>\chi^2_{1,0.95}$，则拒绝零假设，而支持两个诱导器在特定的训练集$R$上具有不同性能的假设。

这一测试的缺点如下：

（1）它没有直接度量由于训练集的选择或诱导器的内部随机性造成的变化。仅利用单个训练集R对诱导器进行对比。因此 McNemar 的测试仅适用于可变性资源是非常小的情况。

（2）它在对比诱导器的性能时所采用的训练集实际上要远小于整个数据集，因此我们必须假定在训练集上所观察到的相对差异，在与整个数据集同等大小的训练集上也是同样成立的。

7.1.7.2 两个比率的差异测试

此统计测试是通过度量算法 A 和 B 的误差率的差异实现的[Snedecor, Cochran (1989)]。具体来说，令$p_A=\left(n_{00}+n_{01}\right)/n$是被算法 A 误分的测试样本的比率，$p_B=\left(n_{00}+n_{10}\right)/n$是被算法 B 误分的测试样本的比率。这一统计测试的潜在假设即是当算法 A 对测试集T中的样本x进行分类时，其误分概率为p_A。那么，n个测试样本的误分数目就是一个均值为np_A，方差为$p_A\left(1-p_A\right)n$的二项式随机变量。

如果合理地选择n，二项式分布可以由一个正态分布很好地逼近。而两个独立的正态分布之差本身也是一个正态分布。因此，如果假设p_A和p_B是相互独立的，则量p_A-p_B也可当作正态分布来处理。在零假设H_0下，量p_A-p_B具有零均值和一个标准偏差，即

$$\mathrm{se}=\sqrt{2p\left(1-\frac{p_A+p_B}{2}\right)\Big/n} \tag{7.24}$$

式中：n为测试样本的数目。

基于以上的分析，可得到以下的统计度量，即

$$z=\frac{p_A-p_B}{\sqrt{2p(1-p)/n}} \tag{7.25}$$

该度量是一个标准的正态分布。按照概率理论，如果$|z|$的值大于$Z_{0.975}$，则错误拒绝零假设的概率小于 0.05。因此，如果$|z|>Z_{0.975}=1.96$，则拒绝零假设，而支持两个算法具有不同性能的假设。这一统计存在两个主要问题。

（1）概率 p_A 和 p_B 是在同一个测试集上得到的，因此它们并不具有独立性。

（2）此测试没有度量由于训练集的选择或学习算法的内部变化造成的变化。并且它度量算法性能时所采用的训练集的大小远小于整个训练集。

7.1.7.3 重采样的成对 t 测试

重采样的成对 t 测试是机器学习中最为流行的测试。通常，在测试中进行一系列的 30 次实验。在每次实验中，可用的样本被随机地划分为一个训练集 R（典型的规模是占据数据集的 2/3）和一个测试集 T。算法 A 和 B 都在 R 上进行训练，并且所获得的分类器在 T 上进行测试。令 $p_A^{(i)}$ 和 $p_B^{(i)}$ 为在第 i 次实验中分别被算法 A 和 B 误分的测试样本的比例。如果我们假设 30 个差异 $p^{(i)} = p_A^{(i)} - p_B^{(i)}$ 是从一个正态分布中独立得到的，则可通过计算如下的统计得到 Student 测试，即

$$t = \frac{\bar{p} \cdot \sqrt{n}}{\sqrt{\frac{\sum_{i=1}^{n}\left(p^{(i)} - \bar{p}\right)^2}{n-1}}} \tag{7.26}$$

式中：$\bar{p} = \frac{1}{n}\sum_{i=1}^{n} p^{(i)}$。

在零假设下，该统计具有自由度为 $n-1$ 的 t 分布。对于 30 次实验，如果 $|t| > t_{29,0.975} = 2.045$，则零假设可能被拒绝。这种方法的主要缺点如下：

（1）由于 $p_A^{(i)}$ 和 $p_B^{(i)}$ 不是相互独立的，差异 $p^{(i)}$ 不服从一个正态分布。

（2）由于训练集和测试集在每次实验中存在交叠，所以各个 $p^{(i)}$ 不是相互独立的。

7.1.7.4 k-倍交叉验证成对 t 测试

此方法类似于重采样成对 t 测试，不同之处在于是通过对 S 的随机划分来构造每个训练集和测试集，数据集 S 随机地划分为 k 个互不重叠的、同等大小的子集 $T_1, T_2, \cdots, T_k$。然后运行 k 次实验。在每个实验中，测试集是 T_i，训练集是所有其他子集 T_j 的联合，$j \neq i$。t 统计按照 7.1.7.3 节中的方法进行计算。此方法的优点是每个测试集是与其他测试集相互独立的。然而，此方法也存在训练集相互重叠的问题。重叠也许会对统计测试获得变化总量的一个好的估计造成困难，如果每个训练集完全独立于其他训练集，就会产生这种变化。

7.2 计算复杂度

另一个用于比较诱导器和分类器的有效的指标是它们的计算复杂度。严格来说，计算复杂度是每个诱导器执行过程中耗费的 CPU 总数。它可以很方便地分为 3 种度量。

（1）产生一个新的分类器的计算复杂度：这是最重要的度量，尤其是当需要在海量数据集上评价数据挖掘算法时。由于大多数算法的计算复杂度比特征数目的线性要高，因此在挖掘海量数据集时不可避免是非常耗时的。

（2）更新一个分类器的计算复杂度：给定新的数据，更新当前的分类器使新的分类器能够反映新数据的计算复杂度是什么？

（3）分类一个新样本的计算复杂度：通常这种类型的度量可以忽略不计，因为它相对比较小。然而，在某些方法中（例如 k 最近邻算法）或在某些实际应用中（例如反导应用），这种类型的度量是很重要的。

一个小的集成需要较少的内存来存储其成员。另外，较小的集成具有更快的分类速度。在多个近实时应用中，这是很重要的，如蠕虫检测。这类应用除了追求最高的精度，还要求分类时间应该降到最低。

7.3 集成结果的可解释性

可解释性（也称为可理解性）显示了用户理解集成结果的能力。泛化误差用来度量分类器对数据的适合度，而可解释性用来度量分类器的“思想适合度”。在用户需要去理解系统的行为或需要对其分类结果做出解释时，这类度量是尤其重要的。例如，Friedman 文献[Friedman, et al. (2000)]提出的 AdaBoost 算法的改进版本算法，对聚集决策规则给出了可解释的描述。

可解释性通常是一个主观的指标。然而，也存在几个定量的度量和指示器，有助于对这一指标进行评价。

致密性-度量知识表示规模的效率。显而易见，小规模的集成结果更容易理解。在集成方法中，致密性可通过集成规模（分类器的数目）和每个分类器的复杂性来度量。按照的观点，即使是采用最简洁的集成规模，决策树的 Boosting 算法也会导致最终的分类器包含数千（或百万）个节点，这就很难对其进行可视化。

所用的基诱导器-集成中所用的基诱导器可决定其可解释性。许多技术，例如，神经网络或支持向量机（SVM），是单独设计来获得其精度的。然而，当它们的分类器是用大规模的实值参数来表示时，它们就很难被理解，并被称为黑盒模型。另外，决策树比黑盒模型更容易理解。

另外研究者能够对一个诱导分类器进行检查往往也是很重要的。比如，在医疗诊断领域，用户必须理解系统是如何做决策的，以使输出结果更可信。由于数据挖掘也能够在科学发现过程中扮演一个很重要的角色，所以一个系统可以在输入数据中发现以前不为人知的重要特征。如果诱导器的表示形式是易理解的，那么这些发现就可对人工检查提供帮助[Hunter, Klein (1993)]。

7.4 大规模数据的可量测性

可量测性是指针对大规模数据某个方法有效地构建分类模型的能力。经典的诱导算法已经在许多相对简单和较小规模问题中取了实际应用的成功。然而，要在实际应用时，在大规模数据库中发现知识会带来时间和存储方面的问题。

有一些集成方法（如划分方法）比其他方法更适合于大规模数据库。另外，独立的方法比非独立方法更具前景，因为前者可以对分类器进行并行化训练。

由于大规模数据库在许多领域已经变成了常态（包括天文学、分子生物学、金融学、销售学、卫生保健和许多其他领域），应用数据挖掘算法去挖掘其中的模式已经成为一项潜在的非常富有成果的任务。许多企业将其未来定位于“数据挖掘”应用，并且期望研究团体能够解决它们所遭遇的基础问题。

当非常大规模的可用数据成为任何一名数据分析员的梦想时，现今“非常大”的同义词已经变成了“千兆字节”，这是一个难以想像的信息容量。每个信息密集单位（如电信和银行）两年时间就可收集多个千兆字节的原始数据。

然而，一个电子数据库的有效性（其增强形式被称为“数据仓库”）已经带来了许多以前未知的问题，如果忽略这些问题，有可能会将有效的数据挖掘任务变为不可能完成的任务。管理和分析巨量数据仓库要求特殊的且非常昂贵的硬件和软件，这就造成一个公司仅使用存储数据的一小部分。

按照 Fayyad 的文献[Fayyad, et al. (1996)]的观点，数据挖掘研究团体的直接挑战是开发出适用于实际数据库的便利的数据挖掘方法。实际数据库的一个特征就是高容量。

巨量数据库带来了以下挑战。

（1）计算复杂性。由于大多数诱导算法的计算复杂度比特征数目的线性要高，因此处理这样的数据库的执行时间也许会变成一个重要的问题。

（2）比较差的分类精度，因为很难发现正确的分类器。巨量数据库增大了搜索空间的规模，因此也增加了诱导器选择一个过拟合分类器的可能性，而这样的分类器在总体上是不适用的。

（3）存储问题。在大多数机器学习算法中，在诱导器开始训练之前，完整的训练集要从外存（如磁盘存储器）读到内存（主存储器）中。这就会带来问题，因为主存储器的容量要远小于磁盘的容量。

在大容量数据库中应用分类算法的困难来源于数据库中记录/样本数的增加，以及每个样本的属性/特征数的增加（高维）。

处理巨量记录数的方法包括：

（1）采样方法。采用不同的采样技术从样本种群中选择记录。

（2）聚集法。或者通过将一组记录当作一个记录，或者忽略“不重要”的记录子集来减小记录的数目。

（3）大规模并行化处理。探究并行化技术，同时解决各种各样的问题。

（4）有效存储的方法。使算法能够处理大量记录。

（5）减小算法的搜索空间。

7.5 鲁棒性

模型能够处理噪声数据或带有残缺值的数据，并能做出正确预测的能力就称为鲁棒性。不同的集成方法具有不同水平的鲁棒性。为了估计一个集成方法的鲁棒性，通常先在一个干净训练集上对该集成进行训练，然后再在一个含噪训练集上训练一个不同的集成。噪声训练集通常是在干净训练集上用人工方法添加一些噪声样本来获得。这两种情况下的精度的差异就作为鲁棒性水平。

7.6 稳定性

分类算法的稳定性的正式定义为：对于从同一个过程中产生的不同批次的数据，一个算法能够产生可重复的结果的程度。用数学语言来说，稳定性就是两个模型在原始数据的一个随机样本上的期望一致性，在一个给定样本上的一致性就是两个模型对其赋予相同的类别。不稳定性会对一个特定集成（作为一个给定算法的一个输出结果）带来有效性的问题。用户都是将学习算法看作是一个数据库。显而易见，如果对数据做一点细微的改变会产生根本不同的结果，那么用户就很难对一个数据库产生信任感。

7.7 灵活性

灵活性是指在利用任意诱导器（独立的诱导器），任意的组合器（独立的组合器）对各种各样的分类任务（例如并不局限于二分类任务）提供一个解时，一组控制参数能够使用户检测该集成技术的多个变体的能力。

7.8 可用性

机器学习是一个高迭代过程。使用者一般是对算法的参数进行调整来获得更好的分类器。一个好的集成方法应该能够提供一组全面的、易调整的控制参数。

7.9 软件实用性

一个集成方法的软件实用性是指有多少现成的软件包对该集成方法提供支持。高实用性意味着用户不需要替换他的集成方法，就可以从一个软件转换为另一个软件。表 7.8 显示了表中 10 种方法的流行性（以 2009 年 6 月在《谷歌学术》中的索引数为准），以及这些方法在 5 个开源软件包中的总的实用性，这 5 个开源软件包包括：Weka [Frank, et. al (2005)], Orange [Demsar, et al. (2004)], Tanagra [Rakotomalala (2005)],RapidMiner (formerly YALE)[Mierswa, et al. (2006)], OpenDT [Banfield(2005)], Java-ML /citeAbeel 以及 R programming environment [R statistical computing Language (2005)]。该表表明高流行性是高实用性的一个必要条件，但也有一些流行方法只具有较低的实用性。

另外，还有一些开源软件包特定地用于 Boosting 算法的变体。OAIDTB (Other Application Interactively Demonstrating Techniques of Boosting)[Villalba, et al. (2003)]通过增加以下应用对 Weka 框架进行了扩展：AdaBoost.real, AdaBoost.M1W, GentleAdaBoost, AdaBoost.OC, AdaCost, AdaBoost.ECC, CSBx, AdaBoost.MH 以及 CSAdaBoostMH。软件包 JBoost (http://jboost.sourceforge.net/) 应用了如下算法：AdaBoost, LogitBoost, RobustBoost, Boostexter 和 BrownBoost (包含在 JBoost 1.4 中)。一个 Boostexter 的源码可以从下面的网址中获得：http://www.cs.princeton.edu/ schapire/boostexter.html。

表 7.8　集成方法的实用性软件

算法	《谷歌学术》（2009 年 7 月）	实用性软件	参考文献
AdaBoost	2730	Weka, Orange, Tanagra, RapidMiner, R	[Freund, Schapire (1996)]
Bagging	4907	All	[Breiman (1996a)]
RandomForest	1988	All	[Breiman (2001)]
DECORATE	81	Weka	[Melville, Mooney (2003)]
MultiBoosting	184	Weka, RapidMiner	[Webb (2000)]
Wagging	993	Weka, RapidMiner	[Bauer, Kohavi (1999)]
Attribute Bagging	52	Weka	[Bryll et al. (2003)]
Stacking	1582	Weka, Tanagra, RapidMiner	[Wolpert (1992)]
ECOC	1007	Weka, RapidMiner	[Dietterich, Bakiri (1995)]
Arc-x4	644	Weka, Tanagra	[Breiman (1998)]

7.10 应该选用哪个集成方法

对于大量待选的集成方法，以及各种各样潜在的矛盾标准，要选择一个适用的集成方法并不是一件简单的任务。

在广泛应用领域内，对不同的方法和它们的变体的性能通过实验进行对比，结果表明每个方法在某些领域内表现最优，但并不是所有领域。这被称为选择优越性问题[Brodley (1995a)]。

众所周知，没有一个诱导算法能够在所有可能的领域成为最优；每种算法都存在或明或暗的偏差[Mitchell (1980)]，这就导致其只具有某些方面的普遍性。一个算法只有当其偏差与应用领域的特征相匹配时才会成功[Brazdil, et al. (1994)]。另外，一些结果也证明了“守恒原理”[Schaffer (1994)]或“没有免费的午餐理论”[Wolpert (1996)]的存在性和正确性：如果一个诱导器在某些领域优于其他诱导器，那么必定在其他领域存在相反的关系。

“没有免费的午餐理论”意味着对于一个给定问题，某个方法相比其他方法能从同样的数据中产生更多的信息。

必须对所有数学上可能领域（仅是所用表示语言的一个副产品）和发生在真实世界的领域（也是人们主要感兴趣的领域[Rao, et al. (1995)]）作一个区分。毫无疑问，许多属于前者集合中的领域并不属于后者，并且以损害在真实世界中从不会发生领域的精度为代价，可以提高实际应用领域的平均精度。的确，这也是诱导学习方法的目的。也确实存在某些算法对于某些自然发生领域的特性匹配得比其他算法更好，并因此获得更高的精度。尽管在其他真实应用领域可能正相反，但仍就不能阻止一个改进算法与每个领域的最好算法获得一样高的精度。

在许多应用领域，最好方法的泛化误差甚至远高于0%，因而是否能够对算法做进一步的改进，以及如何改进，是一个公开且重要的问题。回答这一问题的一个方面，是确定在该应用领域的任一分类器可达到的最小误差（称为最优贝叶斯误差）。如果现有的分类器不能达到这一水平，就需要研究新的算法。尽管这一问题已经引起了相当的重视 [Tumer, Ghosh (1996)]，但是迄今为止还没有出现一个普通可靠的方法。

“没有免费的午餐”概念对研究人员在面对一项新任务时提出了一个两难的问题：究竟应该选用哪个诱导器？

如果研究人员的目标只有精度，则一个解决方案是对每个方法都试一遍，并估计其泛化误差，然后选择完成得最好的那个方法[Schaffer (1994)]。另一个方法称为多策略学习的方法[Michalski, Tecuci (1994)]，是试图在一个单一的算法中联合多个不同的算法。这一领域的许多研究关注于将实验方法与解析方法联合起来[Towell, Shavlik (1994)]。在理想的情况下，一个多策略学习算法总是与它的最好“父体”性能相当，并且避免对每个算法都进行尝试，还简化了知识获取的任务。另外，这种多算法的联合更有可能产生协同效应（例如在样本空间的不同区域，允许不同类型的类别边界），使其达到的精度水平是任何一个单一算法本身无法获得的。

但是，这一方法往往只能取得一定的成功。尽管这一策略在某些工业应用（例如需求规划）中改进了误差性能，但在许多其他领域中，所得到的算法是很麻烦的，并且获得的误差往往仅位于其父代算法之间，而达不到最低。如果考虑多个标准，导致选择哪个方法的问题的难度更加剧了。

选择集成方法的困难来源于一个 MCDM（多标准决策）问题。在这些标准间存在着平衡关系，并且某些标准不能用相同的单位度量。因此，为了系统性地选择对的方法，研究人员可以应用一个 MCDM 解决技术，如 AHP（解析分层过程）。

另外，需要求解的特定分类问题的背景对结果会产生巨大的影响。总的来说，文献中出现的所有关注于预测性能的对比性研究的结果都支持“没有免费的午餐理论”[Brown, et al.(2005); Sohna (2007)]，即最好的集成技术很大程度上取决于特定的训练数据集。因此，当前的挑战是如何自动选择最好的集成技术。存在两个途径实现这一目标。

（1）封装方法。给定一个数据集，应用每个集成方法并选择给出最高成功率的那个方法。该方法的主要优点是能够很好地预测每个检测方法的性能。其主要缺点是处理时间太长。对于某些诱导器来说其诱导时间也许相当长，尤其是大规模的实际数据集。多个研究人员将该方法用于诱导算法或维数缩减算法的选择，并获得了优异的结果[Schaffer (1993)]。

（2）后学习方法[Vilalta, et al. (2005)]。后学习分类器基于数据集的特性来确定是否采用集成方法，以及采用什么方法。如果某个集成方法在一个特定数据集中优于其他方法，那么就会在具有相似特性的问题出现时，更趋向于选择该方法。为此，可以应用后学习方法。后学习关注于累积一个学习系统在多个应用中的性能的经验。后学习过程的一个可能的输出是一个后分类器，该分类器能够显示对于一个给定问题哪个学习算法是最适合的。这一目标可通过以下阶段完成。在第一个阶段，研究人员要检查所有考虑的集成方法在各种数据集上的性能。在对每个数据集的检查过程中，数据集的特性被提取出来。数据集的特性与该数据集最合适的集成方法的指示一起被存储在后数据集中。后数据集反映了在不同数据集中的经验累积。在第二个阶段，一个诱导器可应用于该后数据集中，以诱导一个后分类器，能够将一个数据集映射到最合适的集成方法（基于该数据集的特性）。在第三个阶段，利用后分类器将一个新的未知的数据集匹配到最合适的集成方法上。多个研究人员应用这一方法来选择集成方法并获得了优异的结果[Rokach (2006)]。

参考文献

[1] Abeel Thomas, Yves Van de Peer, Yvan Saeys. Java-ML: A machine learning library [J]. Journal of Machine Learning Research, 2009,10: 931-934.

[2] Adem J, Gochet W. Aggregating classifiers with mathematical programming [J]. Comput. Statist. Data Anal, 2004, 47 (4): 791-807.

[3] Aha D W, Kibler D, Albert M K. Instancebased learning algorithms [J]. Machine Learning, 1991, 6(1): 37-66.

[4] Ahn H, Moon H, Fazzari M J, et al. Classification by ensembles from random partitions of high-dimensional data [J]. Computational Statistics and Data Analysis, 2007, 51: 6166-6179.

[5] Al-Sultan K S, Khan M M. Computational experience on four algorithms for the hard clustering problem [J]. Pattern Recognition Letters, 1996, 17(3): 295-308.

[6] A1-Sultan K S, A tabu search approach to the clustering problem [J]. Pattern Recognition, 1995, 28: 1443-1451.

[7] Alba E, Chicano J F. Solving the error correcting code problem with parallel hybrid heuristics [J]. In: Proceedings of 2004 ACM Symposium on Applied Computing, 2004, 2: 985–989.

[8] Alba E, Cotta C, Chicano F, et al. Parallel evolutionary algorithms in telecommunications: two case studies [J]. In: Proceedings of Congresso Argentino de Ciencias de la Computacion, 2002.

[9] Ali K M, Pazzani M J. Error reduction through learning multiple descriptions [J]. Machine Learning, 1996, 24(3): 173-202.

[10] Allwein E L, Shapire R E, Singer Y. Reducing multiclass to binary: a unifying approach for magin classifiers [J]. In: Proceedings of the 17th International Conference on Machine Learning, Morgan Kaufmann, 2000: 9-16.

[11] Almuallim H, Dietterich T G. Learning Boolean concepts in the presence of many irrelevant features [J]. Artificial Intelligence, 1994, 69: 1-2, 279-306.

[12] Almuallim H, An efficient algorithm for optimal pruning of decision trees [J]. Artificial Intelligence, 1996, 83(2): 347-362.

[13] Alpaydin E, Mayoraz E. Learning error-correcting output codes from data [J]. In: Proceedings of the 9th International Conference on Neural Networks, 1999: 743–748.

[14] Alsabti K, Ranka S, Singh V. CLOUDS: A decision tree classifier for large datasets [J]. Conference on Knowledge Discovery and Data Mining (KDD-98), 1998.

[15] Altincay H. Decision trees using model ensemble-based nodes [J]. Pattern Recognition, 2007, 40: 3540–3551.
[16] An A, Wang Y. Comparisons of classification methods for screening potential compounds [J]. In IEEE International Conference on Data Mining, 2001.
[17] Anand R, Methrotra K, Mohan CK, et al. Efficient classification for multiclass problems using modular neural networks [J]. IEEE Trans Neural Networks, 1995, 6(1): 117-125.
[18] Anderson J A, Rosenfeld E. Talking Nets: An Oral History of Neural Network Research [M]. Cambridge, MA: MIT Press, 2000.
[19] Arbel R, Rokach L. Classifier evaluation under limited resources [J]. Pattern Recognition Letters. 2006, 27(14): 1619–1631.
[20] Archer K J, Kimes R V. Empirical characterization of random forest variable importance measures [J]. Computational Statistics and Data Analysis, 2008, 52: 2249-2260.
[21] Ashenhurst R L. The decomposition of switching functions [J]. Technical report, Bell Laboratories BL-1, 1952, 11: 541-602.
[22] Athanasopoulos D. Probabilistic theory [J]. Stamoulis, Piraeus, 1991.
[23] Attneave F. Applications of information theory to psychology [M]. New York: Henry Holt, 1959.
[24] Averbuch M, Karson T, Ben-Ami B, et al. Context-sensitive medical information retrieval [J]. The 11th World Congress on Medical Informatics (MEDINFO 2004), San Francisco, CA, IOS Press, 2004: 282-286.
[25] Averbuch M, Maimon O, Rokach L, et al. Free-text information retrieval system for a rapid enrollment of patients into clinical trials [J]. Clinical Pharmacology and Therapeutics, 2005, 77(2): 13-14.
[26] Avnimelech R, Intrator N. Boosted mixture of experts: an ensemble learning scheme [J]. Neural Computations, 1999, 11(2):483-497.
[27] Back T, Fogel D B, Michalewicz T. Evolutionary computation 1: basic algorithms and operators [M]. Institute of Physics Publishing, 2000.
[28] Baker E, Jain A K. On feature ordering in practice and some finite sample effects [J]. In Proceedings of the Third International Joint Conference on Pattern Recognition, San Diego, CA, 1976: 45-49.
[29] Bala J, Huang J, Vafaie H,et al. Hybrid learning using genetic algorithms and decision trees for pattern cClassification [J]. IJCAI conference, 1995.
[30] Banfield R. OpenDT[EB/OL] http://opendt.sourceforge.net/, 2005.
[31] Banfield J D, Raftery A E. Model-based Gaussian and non-Gaussian clustering [J]. Biometrics, 1993, 49: 803-821.
[32] Robert E, Banfield, Lawrence O, et al. Kegelmeyer, A comparison of decision tree ensemble creation techniques [J]. IEEE Transactions on Pattern Analysis and Machine

Intelligence, 2007, 29 (1): 173-180.

[33] Bao Y, Ishii N. Combining multiple K-nearest neighbor classifiers for text classification by reducts [J]. In: Proceedings of 5th international conference on discovery science, LNCS 2534, 2002: 340-347.

[34] Bartlett P, Shawe-Taylor J. Generalization performance of support vector machines and other pattern classifiers [M] //Advances in Kernel Methods, Support Vector Learning, Scholkopf B. Burges C J, C Smola A J , MIT Press, Cambridge, USA, 1998.

[35] Bartlett P, Traskin M. Adaboost is consistent [J]. Journal of Machine Learning Research, 2007, 8: 2347-2368.

[36] Basak J. Online adaptive decision trees [J]. Neural Computations, 2004, 16(9): 1959-1981.

[37] Basak J. Online adaptive decision trees: Pattern Classification and Function Approximation [J]. Neural Computations, 2006, 18(9): 2062-2101.

[38] Bauer E, Kohavi R. An empirical comparison of voting classification algorithms: bagging, boosting, and variants [J]. Machine Learning, 1999, 35: 1- 38.

[39] Baxt W G. Use of an artificial neural network for data analysis in clinical decision making: The diagnosis of acute coronary occlusion [J]. Neural Computation, 1990: 2(4): 480-489.

[40] Bay S. Nearest neighbor classification from multiple feature subsets [J]. Intelligent Data Analysis, 1999, 3(3): 191-209.

[41] Bellman R. Adaptive control processes: a guided tour [M]. Princeton University Press, 1961.

[42] Bennett X, Mangasarian O L. Multicategory discrimination via linear programming [J]. Optimization Methods and Software, 1994, 3:29-39.

[43] Kristin P. Bennett and Ayhan Demiriz and Richard Maclin, Exploiting unlabeled data in ensemble methods [M]//Proceedings of the eighth ACM SIGKDD international conference on Knowledge discovery and data mining, ACM Press, New York, NY, USA, 2002:289–296.

[44] Bensusan H, Kalousis A. Estimating the predictive accuracy of a classifier [J]. In Proc. Proceedings of the 12th European Conference on Machine Learning, 2001: 25-36.

[45] Bentley J L, Friedman J H. Fast algorithms for constructing minimal spanning trees in coordinate spaces[J]. IEEE Transactions on Computers, 1978, C- 27(2):97-105.

[46] BenBassat M, Myopic policies in sequential classification [J]. IEEE Trans. on Computing, 1978, 27(2):170-174.

[47] Berger A. Error-correcting output coding for text classification[J]. 1999.

[48] Bernard M E. Decision trees and diagrams [J]. Computing Surveys, 1982, 14(4): 593-623.

[49] Berry M, Linoff G. Mastering data mining [M]. John Wiley & Sons, 2000.

[50] Bhargava H K, Data mining by decomposition: adaptive search for hypothesis generation [J]. INFORMS Journal on Computing Vol. 11, Iss. 1999, 3: 239-47.

[51] Biermann A W, Faireld J, Beres T. Signature table systems and learning [J]. IEEE Trans. Syst. Man Cybern., 1982, 12(5):635-648.

[52] Black M, Hickey R J. Maintaining the performance of a learned classifier under concept drift [J]. Intelligent Data Analysis, 1999,3(1): 453-474.

[53] Blake C L, Merz C J. UCI repository of machine learning databases[J].1998.

[54] Blum A L, Langley P, Selection of relevant features and examples in machine learning [J]. Artificial Intelligence, 1997: 245-271.

[55] Blum A, Mitchell T, Combining labeled and unlabeled data with cotraining [J]. In Proc. of the 11th Annual Conference on Computational Learning Theory, 1998: 92-100.

[56] Bonner R. On Some Clustering Techniques [J]. IBM journal of research and development, 1964,8: 22-32.

[57] Booker L, Goldberg D E, Holland J H. Classifier systems and genetic algorithms [J]. Artificial Intelligence, 1989,40(1-3): 235-282.

[58] Boser R C , Ray-Chaudhuri D K. On a class of error-correcting binary group codes [J]. Information and Control, 1960,3: 68-79.

[59] Brachman R, Anand T. The process of knowledge discovery in databases [M]// Advances in Knowledge Discovery and Data Mining, AAAI/MIT Press, 1994: 37-58.

[60] Bratko I, Bohanec M. Trading accuracy for simplicity in decision trees [J]. Machine Learning, 1994, 15: 223-250.

[61] Brazdil P, Gama J, Henery R, Characterizing the applicability of classification algorithms using meta level Learning [J]. Machine Learning: ECML-94, F.Bergadano e L. de Raedt (eds.), LNAI No. 784. Springer- Verlag, 1994: 83-102.

[62] Breiman L. Random forests[J]. Machine learning, 2001, 45: 532.

[63] Breiman L, Friedman J, Olshen R, et al. Classification and regression trees [J]. Wadsworth Int. Group, 1984.

[64] Breiman L. Bagging predictors [J]. Machine Learning, 1996, 24(2):123-140.

[65] Breiman L. Stacked regressions [J]. Machine Learning, 1996, 24(2):4964.

[66] Breiman L. Arcing classifiers [J]. Annals of Statistics,1998, 26 (3): 801-849.

[67] Breiman L, Pasting small votes for classification in large databases and online [J]. Machine Learning, 36, 85-103.

[68] Breiman L, Randomizing outputs to increase prediction accuracy [J]. Machine Learning, 2000, 40 (3): 229-242.

[69] Brodley C E, Utgoff P E. Multivariate decision trees [J]. Machine Learning, 1995, 19:45-77.

[70] Brodley C E. Automatic selection of split criterion during tree growing based on node selection [J]. In Proceedings of the Twelth International Conference on Machine Learning, 73-80 Taho City, Ca. Morgan Kaufmann, 1995a.

[71] Brodley C E. Recursive automatic bias selection for classifier construction [J]. Machine

Learning, 1995b, 20: 63-94.

[72] Brown G, Wyatt J L. Negative correlation learning and the ambiguity family of ensemble methods [J]. Multiple Classifier Systems, 2003: 266-275.

[73] Brown G, Wyatt J, Harris R, et al. Diversity creation methods: a survey and categorization [J]. Information Fusion, 6(1):5-20.

[74] Bruzzone L, Cossu R, Vernazza G. Detection of land-cover transitions by combining multidate classifiers [J]. Pattern Recognition Letters, 2004,25(13): 1491– 1500.

[75] Bryll R, Gutierrez-Osuna R, Quek F. Attribute bagging: improving accuracy of classifier ensembles by using random feature subsets [J]. Pattern Recognition Volume 36 (2003): 1291-1302

[76] Buchanan B G, Shortliffe E H, Rule based expert systems [M]. Addison-Wesley,1984: 272-292.

[77] Buczak A L, ZiarkoW. Neural and rough set based data mining methods in engineering [M]//Klosgen W, Zytkow J M, Handbook of Data Mining and Knowledge Discovery, Oxford University Press, 2002: 788-797.

[78] Buja A, Lee Y S. Data mining criteria for tree based regression and classification [J]. Proceedings of the 7th International Conference on Knowledge Discovery and Data Mining, San Diego, USA, 2001: 27-36.

[79] Buntine W, Niblett T. A further comparison of splitting rules for decision-tree induction [J]. Machine Learning, 1992, 8: 75-85.

[80] Buntine W, A theory of learning classification rules [J]. Doctoral dissertation. School of Computing Science, University of Technology. Sydney. Australia, 1990.

[81] Buntine W. Learning classification trees [J]. Statistics and Computing,1992, 2: 63-73.

[82] Buntine W. Graphical models for discovering knowledge[J]. Fayyad U, Piatetsky-Shapiro G, Smyth P, Uthurusamy R. Advances in knowledge discovery and data mining, AAAI/MIT Press, 1996: 59-82.

[83] Buttrey S E, Karo C. Using k-nearest-neighbor classification in the leaves of a tree [J]. Comput. Statist. Data Anal. 2002, 40: 27-37.

[84] Buhlmann P, Yu B. Boosting with *L2* loss: Regression and classification [J]. Journal of the American Statistical Association, 2003, 98: 324-338.

[85] Califf M E, Mooney R J. Relational learning of pattern-match rules for information extraction [J]. Proceedings of the Sixteenth National Conf. on Artificial Intelligence, 1999: 328-334.

[86] Can F. Incremental clustering for dynamic information processing [J]. ACM Transactions on Information Systems, 1993, 11: 143-164.

[87] Cantu-Paz E, Kamath C Inducing oblique decision trees with evolutionary algorithms [J]. IEEE Trans. on Evol. Computation 2003, 7(1): 54-68.

[88] Cardie C. Using decision trees to improve cased- based learning [M]. In Proceedings of the First International Conference on Knowledge Discovery and Data Mining. AAAI Press, 1995.

[89] Caropreso M, Matwin S, Sebastiani F. A learner-independent evaluation of the useful-ness of statistical phrases for automated text categorization [M]. Text Databases and Document Management: Theory and Practice. Idea Group Publishing, et al 2001: 78-102.

[90] Caruana R, Niculescu-Mizil A, Crew G, et al. Ensemble selection from libraries of models [J]. Twenty-first international conference on Machine learning, Banff, Alberta, Canada. 2004, 8.

[91] Carvalho D R, Freitas A A. A hybrid decision-tree-genetic algorithm method for data mining [J] Information Science 2004, 163: 13-35.

[92] Catlett J. Mega induction: machine learning on vary large databases [J]. PhD, University of Sydney, 1991.

[93] Chai B, Huang T, Zhuang X, et al. Piecewise-linear classifiers using binary tree structure and genetic algorithm [J]. Pattern Recognition, 1996, 29(11): 1905-1917.

[94] Chan P K, Stolfo S J. Toward parallel and distributed learning by met alearning [J]. AAAI Workshop in Knowledge Discovery in Databases, 1993: 227-240.

[95] Chan P K, Stolfo S J. A comparative evaluation of voting and met alearning on partitioned data [J]. Proc. 12th Intl. Conf. On Machine Learning ICML-95, 1995.

[96] Chan P K, Stolfo S J. On the accuracy of meta-learning for scalable data mining [J]. Intelligent Information Systems, 1997, 8:5-28.

[97] Charnes A, Cooper W W, Rhodes E. Measuring the efficiency of decision making units [J]. European Journal of Operational Research, 1978, 2(6):429-444.

[98] Chawla N V, Moore T E, Hall L O, et al. Distributed learning with bagging-like performance [J]. Pattern Recognition Letters, 2002, 24(1-3):455-471.

[99] Chawla N V, Hall L O, Bowyer K W, et al. Learning ensembles from bites: a scalable and accurate approach [J]. The Journal of Machine Learning Research archive, 2004, 5:421–451.

[100] Cheeseman P, Stutz J. Bayesian classification (AutoClass): Theory and results[J]. Advances in Knowledge Discovery and Data Mining, 1996: 153-180.

[101] Chen K, Wang L, Chi H. Methods of combining multiple classifiers with different features and their applications to text-independent speaker identification [J]. International Journal of Pattern Recognition and Artificial Intelligence, 1997, 11(3): 417-445.

[102] Cherkauer K J, Shavlik J W. Growing simpler decision trees to facilitate knowledge discovery [M]//In Proceedings of the Second International Conference on Knowledge Discovery and Data Mining. AAAI Press, 1996.

[103] Cherkauer K J. Human expert-level performance on a scientific image analysis task by a

system using combined artificial neural networks [M]//In Working Notes, Integrating Multiple Learned Models for Improving and Scaling Machine Learning Algorithms Workshop, Thirteenth National Conference on Artificial Intelligence. Portland, OR: AAAI Press, 1996.

[104] Chizi B, Maimon O, Smilovici A. On dimensionality reduction of high dimensional data sets [M]//Frontiers in Artificial Intelligence and Applications, IOS press, 2002: 230-236.

[105] Christensen S W, Sinclair I, Reed P A S. Designing committees of models through deliberate weighting of data points [J]. The Journal of Machine Learning Research, 2004, 4(1):39–66.

[106] Christmann A, Steinwart I, Hubert M. Robust learning from bites for data mining [J]. Computational Statistics and Data Analysis, 2007,52, 347-361.

[107] Cios K J, Sztandera L M. Continuous ID3 algorithm with fuzzy entropy measures [J]. Proc. IEEE lnternat. Con/i on Fuzz Systems, 1992: 469-476.

[108] Clark P, Boswell R. Rule induction with CN2: Some recent improvements [J].In Proceedings of the European Working Session on Learning, 1991: 151-163.

[109] Clark P, Niblett T. The CN2 rule induction algorithm [J]. Machine Learning, 1989, 3:261-284.

[110] Clearwater S T, Cheng H Hirsh, B Buchanan. Incremental batch learning [M]//In Proceedings of the Sixth International Workshop on Machine Learning, San Mateo CA, Morgan Kaufmann. 1989, 366-370.

[111] Clemen R. Combining forecasts: A review and annotated bibliography [J]. International Journal of Forecasting, 1989, 5:559–583.

[112] Cohen S, Rokach L, Maimon O. Decision tree instance space decomposition with grouped gain-ratio [J]. Information Science, Volume 177, Issue 17,2007: 3592-3612.

[113] Collins M, Shapire R E, Singer Y. Logistic regression, adaboost and bregman distances [J]. Machine Learning ,2002, 47(2/3): 253–285.

[114] Coppock D S, Data modeling and mining: why lift [J]. Published in DM Review online, 2002.

[115] Crammer K, Singer Y. On the learnability and design of output codes for multiclass problems [J]. Machine Learning, 2002, 47(2-3): 201–233.

[116] Crawford S L. Extensions to the CART algorithm [J]. Int. J. of ManMachine Studies, 1989, 31(2):197-217.

[117] Cristianini N, Shawe-Taylor J. An introduction to support vector machines and other kernel-based learning methods [M]. Cambridge University Press, 2000.

[118] Croux C, Joossens K, Lemmens A. Trimmed bagging [J]. Computational Statistics and Data Analysis, 2007, 52, 362-368.

[119] Cunningham P, Carney J. Diversity versus quality in classification ensembles based on

feature selection [M]//In: de Mntaras R L, Plaza E. Proc. ECML 2000, 11th European Conf. On Machine Learning,Barcelona, Spain, LNCS 1810, Springer, 2000, 109-116.

[120] Curtis H A. A new approach to the design of switching functions [J]. Van Nostrand, Princeton, 1962.

[121] Cutzu F. Polychotomous classification with pairwise classifiers: A new voting principle [J]. In Proc. 4th International Workshop on Multiple Classifier Systems (MCS 2003), Lecture Notes in Computer Science, Guildford, UK, Vol. 2709,2003: 115-124.

[122] Dasarathy B V, Sheela B V. Composite classifier system design: Concepts and methodology [J]. Proceedings of the IEEE, 1979, 67,(5): 708-713.

[123] Dzeroski S, Zenko B. Is combining classifiers with stacking better than selecting the best one [J]. Machine Learning, 2004, 54(3): 255–273.

[124] Darwin C. On the origin of species by means of natural selection [M]//Murray John, London. Deb, K., An efficient constraint handling method for genetic algorithms. Computer Methods in Applied Mechanics and Engineering, 2000, 186: 311–338.

[125] Dekel O, Singer Y. Multiclass learning by probabilistic embeddings [M]//In: Advances in Neural Information Processing Systems. Volume 15, MIT Press, 2003: 945–952.

[126] Dempster A P, Laird N M, Rubin D B. Maximum likelihood from incomplete data using the EM algorithm [J]. Journal of the Royal Statistical Society, 1997, 39(B).

[127] Demsar J, Zupan B, Leban G. Orange: from experimental machine learning to interactive data mining, White Paper(www.ailab.si/orange) [J]. Faculty of Computer and InformationScience, University of Ljubljana, 2004.

[128] Denison D G T, Adams N M, Holmes C C, et al. Bayesian partition modeling [J]. Computational Statistics and Data Analysis, 2002, 38:475-485.

[129] Derbeko P , El-Yaniv R, Meir R. Variance optimized bagging [J]. European Conference on Machine Learning, 2002.

[130] Dhillon I, Modha D. Concept decomposition for large sparse text data using clustering [J]. machine learning, 2001, 42:143-175.

[131] Dietterich T G, Bakiri G. Solving multiclass learning problems via error-correcting output codes [J]. Journal of Artificial Intelligence Research, 1995, 2:263-286.

[132] Dietterich T G, Kong E B. Machine learning bias, statistical bias, and statistical variance of decision tree algorithms [J]. Tech. rep., Oregon State University, 1995.

[133] Dietterich T G, Michalski R S. A comparative review of selected methods for learning from examples [J]. Machine Learning, an Artificial Intelligence approach, 1983, 1: 41-81.

[134] Dietterich T G, Kearns M, Mansour Y. Applying the weak learning framework to understand and improve C4.5 [J]. Proceedings of the Thirteenth International Conference on Machine Learning, San Francisco: Morgan Kaufmann, 1996: 96-104.

[135] Dietterich T G. Approximate statistical tests for comparing supervised classification

learning algorithms [J]. Neural Computation, 1998, 10(7): 1895-1924.
[136] Dietterich T G. An experimental comparison of three methods for constructing ensembles of decision trees: bagging, boosting and randomization [J]. Machine Learning, 2000, 40(2):139-157.
[137] Dietterich T, Ensemble methods in machine learning [M]// Kittler J, Roll F, First International Workshop on Multiple Classifier Systems, Lecture Notes in Computer Science, Springer-Verlag, 2000: 1-15.
[138] Dimitrakakis C, Bengio S. Online adaptive policies for ensemble classifiers [J]. Neurocomputing, 2005, 64:211-221.
[139] Dimitriadou E, Weingessel A, Hornik K. A cluster ensembles framework, Design and application of hybrid intelligent systems [M]. IOS Press, Amsterdam, The Netherlands, 2003.
[140] Domingos P, Hulten G. Mining time-changing data streams [M]. Proc. Of KDD-2001, ACM Press, 2001.
[141] Domingos P, Pazzani M. On the optimality of the naive bayes classifier under zero-one loss [J]. Machine Learning, 1997, 29: 2, 103-130.
[142] Domingos P. Using partitioning to speed up specific-to-general rule induction [M]//In Proceedings of the AAAI-96 Workshop on Integrating Multiple Learned Models, AAAI Press, 1996: 29-34.
[143] Dominigos P. MetaCost: A general method for making classifiers cost sensitive [M]//In proceedings of the Fifth International Conference on Knowledge Discovery and Data Mining, ACM Press, 1999: 155-164.
[144] Domingo C, Watanabe O. MadaBoost: a modification of AdaBoost [J]. In Proceedings of the Thirteenth Annual Conference on Computational Learning Theory. 2000: 180-189.
[145] Dontas K, Jong K D, Discovery of maximal distance codes using genetic algorithms [M]//In: Proceedings of the 2nd International IEEE Conference on Tools for Artificial Intelligence, IEEE Computer Society Press, 1990: 905–811.
[146] Dougherty J, Kohavi R, Sahami M. Supervised and unsupervised discretization of continuous attributes [M]//Machine Learning: Proceedings of the twelfth International Conference, Morgan Kaufman, 1995: 194-202.
[147] Drucker H. Effect of pruning and early stopping on performance of a boosting ensemble [J]. Computational Statistics and Data Analysis, 2002, 38 :393-406.
[148] Duda R, Hart P. Pattern classification and scene Analysis [M]. New-York: Wiley, 1973.
[149] Duda P E Hart, D G Stork, Pattern classification [M]. New York Wiley: 2001.
[150] Duin R P W. The combining classifier: to train or not to train [J]. In Proc. 16th International Conference on Pattern Recognition, ICPR02, Canada, 2002: 765-770.
[151] Dunteman G H. Principal components analysis [M]. Sage Publications, 1989.

[152] Eiben A E. Smith J E, Introduction to evolutionary computing [M]. Springer, 2003.

[153] Elder I, Pregibon D. A statistical perspective on knowledge discovery in databases [M]// Fayyad U, Piatetsky-Shapiro G, Smyth P, Uthurusamy R. Advances in Knowledge Discovery and Data Mining, AAAI/MIT Press, 1996: 83-113.

[154] Escalera S, Pujol O, Radeva R. Decoding of ternary error correcting output codes [M]//In Proceedings of the 11th Iberoamerican Congress on Pattern Recognition. Volume 4225 of Lecture Notes in Computer Science, Springer-Verlag, 2006: 753–763.

[155] Esmeir S, Markovitch S. Lookahead-based algorithms for anytime induction of decision trees[J]. InICML04, 2004: 257-264.

[156] Esposito F, Malerba D Semeraro G. A comparative analysis of methods for pruning decision trees [J]. EEE Transactions on Pattern Analysis and Machine Intelligence, 1997, 19(5):476-492.

[157] Ester M, Kriegel H P, Sander S, et al, A density-based algorithm for discovering clusters in large spatial databases with noise [M]// Simoudis E, Han J, Fayyad U, Proceedings of the 2nd International Conference on Knowledge Discovery and Data Mining (KDD-96), Menlo Park, CA. AAAI, AAAI Press, 1996: 226-231.

[158] Estivill C V, Yang J. A fast and robust general purpose clustering algorithm [J]. Pacific Rim International Conference on Artificial Intelligence, 2000: 208-218.

[159] Furnkranz J. Round robin classification [J]. Journal of Machine Learning Research, 2002, 2:721–747.

[160] Fan W, Stolfo S J, Zhang J, et al. AdaCost: misclassication cost-sensitive boosting [J]. ICML 1999: 97-105.

[161] Fayyad U, Irani K B. The attribute selection problem in decision tree generation [M]//In proceedings of Tenth National Conference on Artificial Intelligence, Cambridge, MA: AAAI Press/MIT Press. 1992: 104–110.

[162] Fayyad U, Piatesky-Shapiro G, Smyth P. From data mining to knowledge discovery: an overview [M]// Fayyad U, Piatetsky-Shapiro G, Smyth P, Uthurusamy R. Advances in Knowledge Discovery and Data Mining AAAI/MIT Press. 1996: 1-30.

[163] Fayyad U, Grinstein G, Wierse A. Information visualization in data mining and knowledge discovery [M]. Morgan Kaufmann, 2001.

[164] Feigenbaum E. Knowledge processing–from file servers to knowledge servers [M] Queinlan J R. Applications of Expert Systems. Vol. 2, Turing Institute Press, 1998: 3-11.

[165] Ferri C, Flach P, ez-Orallo J. Learning decision trees using the area under the ROC curve [M]// Sammut C, Hoffmann A. Proceedings of the 19th International Conference on Machine Learning, Morgan Kaufmann, 2002: 139-146.

[166] Fifield D J. Distributed tree construction from large datasets [J]. Bachelor's Honor Thesis, Australian National University, 1992.

[167] Fisher R A. The use of multiple measurements in taxonomic problems [J]. Annual Eugenics, 7, Part II, 1936: 179-188.

[168] Fisher D. Knowledge acquisition via incremental conceptual clustering [J]. in machine learning 2,1987: 139-172.

[169] Fischer B. Decomposition of time series-comparing different methods in theory and practice [J]. Eurostat Working Paper, 1995.

[170] Fix E, Hodges J L. Discriminatory analysis [J]. nonparametric discrimination. consistency properties. Technical Report 4, US Air Force School of Aviation Medicine. Randolph Field, TX, 1957.

[171] Fortier J J, Solomon H. Clustering procedures [J]. In proceedings of the Multivariate Analysis, '66, P.R. Krishnaiah (Ed.), 1996: 493-506.

[172] Fountain T, Dietterich T, Sudyka B. Mining IC test data to optimize VLSI testing [J]. ACM SIGKDD Conference, 2000: 18-25.

[173] Frank E, Hall M, Holmes G, et al. WEKA - A machine learning workbench for data mining [M]// Maimon O, Rokach L. The Data Mining and Knowledge Discovery Handbook, Springer,2005: 1305- 1314.

[174] Frawley W J, Piatetsky-Shapiro G, Matheus C J. Knowledge discovery in databases: an overview [J]. Piatetsky-Shapiro G, Frawley W J. Knowledge Discovery in Databases, AAAI Press, Menlo Park, California, 1991:1-27.

[175] Freitas A. Evolutionary algorithms for data mining [M]// Maimon O, Rokach L. The Data Mining and Knowledge Discovery Handbook, Springer, 2005: 435-467.

[176] Freitas X, Lavington S H. Mining very large databases with parallel processing[M]. Kluwer Academic Publishers, 1998.

[177] Frelicot C, Mascarilla L. Reject strategies driver combination of pattern classifiers [J]. 2001.

[178] Freund S. Boosting a weak learning algorithm by majority [J]. Information and Computation, 1995, 121(2):256-285.

[179] Freund S. An adaptive version of the boost by majority algorithm [J]. Machine Learning, 2001, 43(3): 293-318.

[180] Freund S. A more robust boosting algorithm [J]. arXiv:0905.2138, 2009.

[181] Freund Y. Mason L. The alternating decision tree algorithm [J]. Proceedings of the 16th International Conference on Machine Learning, 1999: 124-133.

[182] Freund Y. Schapire R E. A decision-theoretic generalization of on-line learning and an application to boosting [J]. Journal of Computer and System Sciences, 1997, 1(55):119–139.

[183] Freund Y, Schapire R E. Experiments with a new boosting algorithm [J]. In Machine Learning: Proceedings of the Thirteenth International Conference, 1996:325-332.

[184] Friedman J H, Tukey J W. A projection pursuit algorithm for exploratory data analysis [J]. IEEE Transactions on Computers, 1973, 23 (9)// 881-889.

[185] Friedman J, Kohavi R, Yun Y. Lazy decision trees [M]//. Proceedings of the Thirteenth National Conference on Artificial Intelligence Cambridge, MA: AAAI Press/MIT Press, 1996: 717-724.

[186] Friedman N, Geiger D, Goldszmidt M. Bayesian network classifiers [J]. Machine Learning, 1997, 29(2-3):131-163.

[187] Friedman J, T Hastie, R Tibshirani. Additive logistic regression: a statistical view of boosting [J]. Annals of Statistics, 2000, 28(2):337-407.

[188] Friedman J H. A recursive partitioning decision rule for nonparametric classifiers [J]. IEEE Trans. on Comp, 1977, C26:404-408.

[189] Friedman J H. Multivariate adaptive regression splines [J]. The Annual Of Statistics, 1991, 19:1-141.

[190] Friedman J H. Data mining and statistics: what is the connection [J]. 1997.

[191] Friedman J H. On bias, variance, 0/1 - loss and the curse of dimensionality [J]. Data Mining and Knowledge Discovery, 1997, 1(1): 55-77.

[192] Friedman J H. Stochastic gradient boosting [J]. Comput. Statist. Data Anal. 2002, 38 (4):367-378.

[193] Fraley C, Raftery A E. How many clusters? which clustering method? answers via model-based cluster analysis [J]. Technical Report No. 329. Department of Statistics University of Washington, 1998.

[194] Fu Q, Hu S, Zhao S. Clusterin-based selective neural network ensemble [J]. Journal of Zhejiang University SCIENCE, 2005, 6A(5), 387-392.

[195] Fukunaga K. Introduction to statistical fattern recognition [J]. San Diego, CA: Academic, 1990.

[196] Furnkranz J. More efficient windowing [M]//In Proceeding of The 14th national Conference on Artificial Intelegence (AAAI-97), Providence, RI. AAAI Press, 1997, pp. 509-514.

[197] Gago P, Bentos C. A metric for selection of the most promising rules [J]. In Proceedings of the 2nd European Conference on The Pronciples of Data Mining and Knowledge Discovery (PKDD'98),1998.

[198] Gallinari P. Modular neural net systems [M]//Training of. In (Ed.) M.A. Arbib. The Handbook of Brain Theory and Neural Networks, Bradford Books/MIT Press, 1995.

[199] Gama J. A linear-bayes classifier [J]. Monard C. Advances on Artificial Intelligence – SBIA2000. LNAI 1952, Springer Verlag, 2000: 269-279.

[200] Gams M. New measurements highlight the Importance of redundant knowledge [J]. In European Working Session on Learning, Montpeiller, France, Pitman, 1989.

[201] Garcia-Pddrajas N, Garcia-Osorio C, Fyfe C. Nonlinear Boosting Projections for Ensemble Construction [J]. Journal of Machine Learning Research, 2007, 8:1-33.

[202] Gardner M, Bieker J. Data mining solves tough semiconductor manufacturing problems [J]. KDD 2000: 376-383.

[203] Gehrke J, Ganti V, Ramakrishnan R, et al. BOAT-optimistic decision tree construction [J]. SIGMOD Conference 1999: 169-180.

[204] Gehrke J, Ramakrishnan R, Ganti V. RainForest - A framework for fast decision tree construction of large datasets [J]. Data Mining and Knowledge Discovery, 2000， 4 (2/3): 127-162.

[205] Gelfand S B, Ravishankar C S, Delp E J. An iterative growing and pruning algorithm for classification tree design [J]. IEEE Transaction on Pattern Analysis and Machine Intelligence, 1991, 13(2):163-174.

[206] Geman S, Bienenstock E, Doursat R. Neural networks and the bias/variance dilemma [J]. Neural Computation, 1995, 4:1-58.

[207] George E, Foster D. Calibration and empirical bayes variable selection [J]. Biometrika, 2000, 87(4):731-747.

[208] Gey S, Poggi J-M. Boosting and instability for regression trees Comput [J]. Statist. Data Anal. 2006, 50:533-550.

[209] Ghani R. Using error correcting output codes for text classification [M]//In: Proceedings of the 17th International Conference on Machine Learning, Morgan Kaufmann, 2000: 303–310.

[210] Giacinto G, Roli F, Fumera G. Design of effective multiple classifier systems by clustering of classifiers [J]. in 15th International Conference on Pattern Recognition, ICPR 2000: 160-163.

[211] Gilad-Bachrach R, Navot A, Tisliby N, Margin based feature selection-theory and algorithms [J]. Proceeding of the 21'st International Conferenc on Machine Learning, 2004.

[212] Gillo M W. MAID: A Honeywell 600 program for an automatised survey analysis [J]. Behavioral Science, 1972, 17: 251-252.

[213] Giraud–Carrier Ch, Vilalta R, Brazdil R. Introduction to the special issue of on meta-learning [J]. Machine Learning, 2004, 54 (3): 197-194.

[214] Gluck M, Corter J. Information, uncertainty, and the utility of categories [J]. Proceedings of the Seventh Annual Conference of the Cognitive Science Society. Irvine, California: Lawrence Erlbaum Associates, 1985: 283-287.

[215] Grossman R, Kasif S, Moore R, et al. Data mining research: opportunities and challenges [J]. Report of three NSF workshops on mining large, massive, and distributed data, 1999.

[216] Grumbach S, Milo T. Towards tractable algebras for bags [J]. Journal of Computer and

System Sciences, 1996: 52(3): 570-588.

[217] Guha S, Rastogi R, Shim K. CURE: An efficient clustering algorithm for large databases [J]. In Proceedings of ACM SIGMOD International Conference on Management of Data, 1998: pages 73-84, New York.

[218] Gunter S, Bunke H. Feature selection algorithms for the generation of multiple classifier systems [J]. Pattern Recognition Letters, 2004, 25(11):1323–1336.

[219] Guo Y, Sutiwaraphun J. Knowledge probing in distributed data mining[J]. in Proc. 4h Int. Conf. Knowledge Discovery Data Mining, 1998: 61-69.

[220] Guruswami V, Sahai A. Multiclass learning, boosting, and error correcting codes [J]. Proc. 12th Annual Conf. Computational Learning Theory (). Santa Cruz, California, 1999: 145-155.

[221] Guyon I, Elisseeff A. An introduction to variable and feature selection [J]. Journal of Machine Learning Research 3, 2003: 1157-1182.

[222] Hall M. Correlation- based feature selection for machine learning[D]. University of Waikato, 1999.

[223] Hampshire J B, Waibel A. The meta-Pi network building distributed knowledge representations for robust multisource pattern-recognition[J]. Pattern Analyses and Machine Intelligence, 1992, 14(7): 751-769.

[224] Han J, Kamber M. Data mining: concepts and techniques [M]. Morgan Kaufmann Publishers, 2001.

[225] Hancock T R, Jiang T, Li M et al. Lower bounds on learning decision lists and trees [J]. Information and Computation, 1996, 126(2): 114-122.

[226] Hand D. Data mining – reaching beyond statistics [J]. Research in Official Stat, 1998, 1(2):5-17.

[227] Hansen L K, Salamon P. Neural network ensembles [J]. IEEE Transactions on Pattern Analysis and Machine Intelligence, 1990, 12(10), 993–1001.

[228] Hansen J. Combining predictors [D]. Meta machine learning methods and bias/variance & ambiguity decompositions. PhD dissertation. Aurhus University. 2000.

[229] Hartigan J A. Clustering algorithms [M]. John Wiley and Sons, 1975.

[230] Hastie T, Tibshirani R. Classification by pairwise coupling [J]. The Annals of Statistics, 1998, 2 :451–471.

[231] Huang Z. Extensions to the k-means algorithm for clustering large data sets with categorical values [J]. Data Mining and Knowledge Discovery, 1998, 2(3).

[232] Haykin S. Neural networks-a compreensive foundation [M]. 2nd edition. Prentice-Hall, New Jersey, 1999.

[233] He D W, Strege B, Tolle H, et al. Decomposition in automatic generation of petri nets for manufacturing system control and scheduling [J]. International Journal of Production

Research, 2000, 38(6): 1437-1457.

[234] Hilderman R, Hamilton H. Knowledge discovery and interestingness measures: a survey [J]. In Technical Report CS 99-04. Department of Computer Science, University of Regina, 1999.

[235] Ho T K, Hull J J, Srihari S N. Decision combination in multiple classifier systems [J]. PAMI 1994, 16(1):66–75.

[236] Ho T K. Nearest neighbors in random subspaces [J]. Proc. of the Second International Workshop on Statistical Techniques in Pattern Recognition, Sydney, Australia, August 1998, 11-13:.640–648.

[237] Ho T K. The random subspace method for constructing decision forests [J]. IEEE Transactions on Pattern Analysis and Machine Intelligence, 1998, 20(8):832-844.

[238] Ho T K. Multiple classifier combination: lessons and next steps [M]// Kandel, Bunke. Hybrid Methods in Pattern Recognition, World Scientific, 2002, 171–198.

[239] Holland J H. Adaptation in natural and artificial systems [M]. University of Michigan Press, 1975.

[240] Holmes G, Nevill-Manning C G. Feature selection via the discovery of simple classification rules [J]. In Proceedings of the Symposium on Intelligent Data Analysis, Baden- Baden, Germany, 1995.

[241] Holmstrom L, Koistinen P, Laaksonen J, et al. Neural and statistical classifiers - taxonomy and a case study [J]. IEEE Trans. on Neural Networks, 1997, 8:5–17.

[242] Holte R C. Acker L E, Porter B W. Concept learning and the problem of small disjuncts [J]. In Proceedings of the 11th International Joint Conference on Artificial Intelligence, 1989: 813-818.

[243] Holte R C. Very simple classification rules perform well on most commonly used datasets [J]. Machine Learning, 1993, 11:63-90.

[244] Hong S. Use of contextual information for feature ranking and discretization [J]. IEEE Transactions on Knowledge and Data Engineering, 1997, 9(5):718-730.

[245] Hoppner F, Klawonn F, Kruse R, et al. Fuzzy cluster analysis [M]. Wiley, 2000.

[246] Hothorn T, Lausen B. Bundling classifiers by bagging trees [J]. Computational Statistics and Data Analysis, 2005, 49:1068-1078.

[247] Hrycej T. Modular learning in neural networks [M]. New York: Wiley, 1992.

[248] Hsu CW, Lin C J. A comparison of methods for multi-class support vector machines [J]. IEEE Transactions on Neural Networks, 2002, 13(2): 415–425.

[249] Hu X. Using rough sets theory and database operations to construct a good ensemble of classifiers for data mining Applications [J]. ICDM01.2001: 233-240.

[250] Hu Q. Yu D, Xie Z, et al. EROS: Ensemble rough subspaces [J]. Pattern Recognition, 2007, 40:3728–3739.

[251] Hu Q H, Yu D R, Wang M Y. Constructing rough decision forests, [M]//Slezak D, et al. RSFDGrC 2005, LNAI 3642, Springer, 2005: 147-156.

[252] Huang Y S, Suen C Y. A method of combining multiple experts for the recognition of unconstrained handwritten numerals [J]. IEEE Trans. Patt. Anal. Mach. Intell. 1995, 17: 90-94.

[253] Hubert L, Arabie P. Comparing partitions [J]. Journal of Classification, 1985, 5:193-218.

[254] Hunter L, Klein T E. Finding relevant biomolecular features [J]. ISMB 1993: 190-197.

[255] Hwang J, Lay S, Lippman A. Nonparametric multivariate density estimation: A comparative study [J]. IEEE Transaction on Signal Processing, 1994, 42(10): 2795-2810.

[256] Hyafil L, Rivest R L. Constructing optimal binary decision trees is NPcomplete [J]. Information Processing Letters, 1976, 5(1):15-17.

[257] Islam M M, Yao X, Murase K. A constructive algorithm for training cooperative neuralnetwork ensembles [J]. IEEE Transactions on Neural Networks, 2003, 14 (4):820-834.

[258] Jackson J. A user's guide to principal components [M]. New York: John Wiley and Sons, 1991.

[259] Jacobs R A, Jordan M I, Nowlan S J, et al. Adaptive mixtures of local experts [J]. Neural Computation, 1991, 3(1):79-87.

[260] Jain A, Zonker D. Feature selection: evaluation, application, and small sample performance [J]. IEEE Trans. on Pattern Analysis and Machine Intelligence, 1997, 19: 153-158.

[261] Jain A K, Murty M N, Flynn PJ. Data clustering: a survey [J]. ACM Computing Surveys, 1999, 31,(3).

[262] Jang J. Structure determination in fuzzy modeling: A fuzzy CART approach [J]. in Proc. IEEE Conf. Fuzzy Systems, 1994: 480-485.

[263] Janikow C Z. Fuzzy decision trees: issues and methods [J]. IEEE Transactions on Systems, Man, and Cybernetics, 1998, 28, (1): 1-14.

[264] Jenkins R, Yuhas B P. A simplified neural network solution through problem decomposition: The case of Truck backer-upper [J]. IEEE Transactions on Neural Networks, 1993, 4(4):718-722.

[265] Jimenez L O, Landgrebe D A. Supervised classification in high-dimensional space: geometrical, statistical, and asymptotical properties of multivariate data [J]. IEEE Transaction on Systems Man, and Cybernetics—Part C: Applications and Reviews, 1998, 28:39-54.

[266] Johansen T A, Foss B A. A narmax model representation for adaptive control based on local model –Modeling [J]. Identification and Control, 1992, 13(1):25- 39.

[267] John G H, Langley P. Estimating continuous distributions in bayesian classifiers [J].

Proceedings of the Eleventh Conference on Uncertainty in Artificial Intelligence. Morgan Kaufmann, San Mateo, 1995: 338-345.

[268] John G H, Kohavi R, Pfleger P. Irrelevant features and the subset selection problem [M]//In Machine Learning: Proceedings of the Eleventh International Conference. Morgan Kaufmann, 1994.

[269] John G H. Robust linear discriminant trees[M]// Fisher D, Lenz H. Learning from data: artificial intelligence and statistics V, Lecture Notes in Statistics, Springer-Verlag, New York, 1996: 375-385.

[270] Jordan M I, Jacobs R A. Hierarchies of adaptive experts [M]//In Advances in Neural Information Processing Systems. vol. 4, Morgan Kaufmann Publishers, Inc., 1992: 985-992.

[271] Jordan M I, Jacobs R A. Hierarchical mixtures of experts and the EM algorithm [M]. Neural Computation, 1994, 6: 181-214.

[272] Joshi V M. On evaluating performance of classifiers for rare classes [M]. Second IEEE International Conference on Data Mining, IEEE Computer Society Press, 2002: 641-644.

[273] Kamath C,Cantu-Paz E. Creating ensembles of decision trees through sampling [J]. Proceedings, 33-rd Symposium on the Interface of Computing Science and Statistics, Costa Mesa, CA, 2001.

[274] Kamath C, Cant-Paz E, Littau D. Approximate splitting for ensembles of trees using histograms[J]. In Second SIAM International Conference on Data Mining, 2002.

[275] Kanal L N. Patterns in pattern recognition:1968-1974 [J]. IEEE Transactions on Information Theory IT-20, 1974, 6: 697-722.

[276] Kang H, Lee S. Combination of multiple classifiers by minimizing the upper bound of bayes error rate for unconstrained handwritten numeral recognition [J]. International Journal of Pattern Recognition and Artificial Intelligence, 2005, 19(3):395 - 413.

[277] Kargupta H, Chan P. Advances in distributed and parallel knowledge discovery [J]. AAAI/MIT Press, 2000: 185-210.

[278] Kass G V. An exploratory technique for investigating large quantities of categorical data[J]. Applied Statistics, 1980, 29(2):119-127.

[279] Kaufman L, Rousseeuw P J. Clustering by means of medoids [M]// Dodge Y. Statistical Data Analysis, based on the L1 Norm, Elsevier/North Holland, Amsterdam. 405-416.

[280] Kaufmann L, Rousseeuw P J, Finding groups in data [M]. New-York: Wiley, 1990.

[281] Kearns M, Mansour Y. A fast, bottom-up decision tree pruning algorithm with near-optimal generalization[M]. in Shavlik J .'Machine Learning: Proceedings of the Fifteenth International Conference', Morgan Kaufmann Publishers, Inc., 1998: 269-277.

[282] Kearns M, Mansour Y. On the boosting ability of top-down decision tree learning algorithms [J]. Journal of Computer and Systems Sciences, 1999, 58(1): 109- 128.

[283] Kenney J F, Keeping E S. Moment-generating and characteristic functions [J]. Some Examples of Moment-Generating Functions, and Uniqueness Theorem for Characteristic Functions, §4.6-4.8 in Mathematics of Statistics, Pt. 2, 2nd ed. Princeton, NJ: Van Nostrand, 1951: 72-77.

[284] Kerber R. ChiMerge: Descretization of numeric attributes [M]//in AAAI-92, Proceedings Ninth National Conference on Artificial Intelligence, AAAI Press/MIT Press, 1992: 123-128.

[285] Kim J O, Mueller C W. Factor analysis: statistical methods and practical issues [M]. Sage Publications, 1978.

[286] Kim D J, Park Y W. A novel validity index for determination of the optimal number of clusters [J]. IEICE Trans. Inf., 2001, E84-D;(2): 281-285.

[287] King B. Step-wise clustering procedures, [J]. Am. Stat. Assoc. 69, 1967: 86-101.

[288] Kira K. Rendell L A. A practical approach to feature selection [J]. In Machine Learning: Proceedings of the Ninth International Conference, 1992.

[289] Klautau A, Jevti´c N, Orlistky A. On nearest-neighbor error-correcting output codes with application to all-pairs multiclass support vector machines[J]. Journal of Machine Learning Research, 2003: 4:1–15.

[290] Klosgen W, Zytkow J M. KDD: the purpose, necessity and chalanges[M]//KlosgenW, Zytkow J M. Handbook of DataMining and Knowledge Discovery, Oxford University Press, 2002: 1-9.

[291] Knerr S, Personnaz L, Dreyfus G. Handwritten digit recognition by neural networks with single-layer training[J]. IEEE Transactions on Neural Networks, 1992, 3(6): 962–968.

[292] Knerr S, Personnaz L, Dreyfus G. In: single-layer learning revisited: a stepwise procedure for building and training a neural network [J]. Springer- Verlag, 1990: 41–50.

[293] Kohavi R, John G. The wrapper approach [M]// Liu H. Motoda H. feature extraction, construction and selection: a data mining perspective, Kluwer Academic Publishers, 1998.

[294] Kohavi R. Kunz C, Option decision trees with majority votes[M]// Fisher D. Machine Learning: Proceedings of the Fourteenth International Conference, Morgan Kaufmann Publishers, Inc., 1997: 161–169.

[295] Kohavi R, Provost F. Glossary of terms [J]. Machine Learning, 1998, 30(2/3): 271- 274.

[296] Kohavi R, Quinlan J R. Decision-tree discovery [M]// Klosgen W, Zytkow J M. Handbook of Data Mining and Knowledge Discovery, Oxford University Press, 2002: 267-276.

[297] Kohavi R, Sommerfield D. Targeting business users with decision table classifiers [M]// Agrawal R, Stolorz P, Piatetsky-Shapiro G. Proceedings of the Fourth International Conference on Knowledge Discovery and Data Mining, AAAI Press, 1998: 249-253.

[298] Kohavi R, Wolpert D H. Bias plus variance decomposition for zero-one loss functions [M]//machine learning, Proceedings of the 13th International Conference. Morgan

Kaufman, 1996.

[299] Kohavi R, Becker B,Sommerfield D. Improving simple bayes [J]. In Proceedings of the European Conference on Machine Learning, 1997.

[300] Kohavi R. Bottom-up induction of oblivious read-once decision graphs[M]//Bergadano F, De Raedt L. Proc. European Conference on Machine Learning, Springer-Verlag. 1994: 154-169.

[301] Kohavi R. Scaling up the accuracy of naive-bayes classifiers: a decision-tree hybrid [J]. In Proceedings of the Second International Conference on Knowledge Discovery and Data Mining, 1996: 114–119.

[302] Chowdhury K A. Alspector J. data duplication: an imbalance problem [J]. In Workshop on Learning from Imbalanced Data Sets (ICML), 2003.

[303] Kolen J F Pollack J B. Back propagation is sesitive to initial conditions [J]. In Advances in Neural Information Processing Systems, Vol. 3, San Francisco, CA. Morgan Kaufmann, 1991: 860-867.

[304] Koller D, Sahami M. Towards optimal feature selection[M]. In Machine Learning: Proceedings of the Thirteenth International Conference on machine Learning. Morgan Kaufmann, 1996.

[305] Kolter Z J, Maloof M A. Dynamic weighted majority: an ensemble method[J]. Journal of Machine Learning Research ,2007: 2756-2790.

[306] Kong E B, Dietterich T G. Error-correcting output coding corrects bias and variance [J]. In Proc. 12th International Conference on Machine Learning, Morgan Kaufmann, CA, USA, 1995: 313-321.

[307] Kononenko I. Comparison of inductive and naive bayes learning approaches to automatic knowledge acquisition [M]// Wielinga B. Current Trends in Knowledge Acquisition, Amsterdam, The Netherlands IOS Press, 1990.

[308] Kononenko I. SemiNaive bayes classifier [J]. Proceedings of the Sixth European Working Session on Learning, Porto, Portugal: SpringerVerlag 1991: 206-219.

[309] Krebel U. Pairwise classification and support vector machines [M// Scholkopf B, Burges C J C, Smola A J. Advances in kernel methods - support vector learning, MIT Press, 1999: 185–208.

[310] Krogh A, Vedelsby J. Neural network ensembles [J]. cross validation and active learning. In Advances in Neural Information Processing Systems,1995, 7:231-238.

[311] Krtowski M, Grze M. Global learning of decision trees by an evolutionary algorithm [M]// Saeed K , Peja J. Information Processing and Security Systems, Springer, 2005: 401-410.

[312] Krtowski M. An evolutionary algorithm for oblique decision tree induction[J]. Proc of ICAISC'04, Springer, LNCS 3070, 2004: 432-437.

[313] Kuhn H W. The Hungarian method for the assignment problem [J]. Naval Research Logistics Quarterly, 1995, 2:83–97.

[314] Kuncheva L. Using diversity measures for generating error-correcting output codes in classifier ensembles [J]. Pattern Recognition Letters, 2005, 26: 83–90.

[315] Kuncheva L. Combining pattern classifiers [M]. Wiley Press, 2005.

[316] Kuncheva L, Whitaker C. Measures of diversity in classifier ensembles and their relationship with ensemble accuracy[J]. Machine Learning, 2003: 181–207.

[317] Kuncheva L I. Diversity in multiple classifier systems (Editorial) [J]. Information Fusion, 2005, 6 (1): 3-4.

[318] Kusiak A, Kurasek C. Data mining of printed-circuit board defects [J]. IEEE Transactions on Robotics and Automation, 2001, 17(2): 191-196.

[319] Kusiak A, Szczerbicki E, Park K. A novel approach to decomposition of design specifications and search for solutions [J]. International Journal of Production Research, 1991, 29(7): 1391-1406.

[320] Kusiak A. Decomposition in data mining: an industrial case study [J] IEEE Transactions on Electronics Packaging Manufacturing, 2000, 23;(4): 345-353.

[321] Kusiak A. Rough Set Theory: A data mining tool for semiconductor manufacturing [J]. IEEE Transactions on Electronics Packaging Manufacturing, 2001, 24(1): 44-50.

[322] Kusiak A. Feature transformation methods in data mining[J] IEEE Transactions on Elctronics Packaging Manufacturing, 2001, 24; (3): 214–221.

[323] Lam L. Classifier combinations: implementations and theoretical issues [M]// Kittlerand J, Roli F. Multiple Classifier Systems, Vol. 1857 of Lecture Notes in ComputerScience, Cagliari, Italy, Springer, 2000: 78-86.

[324] Langdon W B, Barrett S J, Buxton B F. Combining decision trees and neural networks for drug discovery [J]. in: Genetic Programming, Proceedings of the 5th European Conference, EuroGP 2002, Kinsale, Ireland, 2002: 60–70.

[325] Langley P, Sage S. Oblivious decision trees and abstract cases [M]// in Working Notes of the AAAI-94 Workshop on Case-Based Reasoning, Seattle, WA: AAAI Press. 1994: 113-117.

[326] Langley P Sage S. Induction of selective bayesian classifiers [M]// in Proceedings of the Tenth Conference on Uncertainty in Artificial Intelligence, Seattle, WA: Morgan Kaufmann. 1994: 399- 406.

[327] Langley P. Selection of relevant features in machine learning [J]. in Proceedings of the AAAI Fall Symposium on Relevance, AAAI Press 1994: 140-144.

[328] Larsen B, Aone C. Fast and effective text mining using linear-time document clustering [J]. In Proceedings of the 5th ACM SIGKDD, San Diego, CA, 1999: 16-22.

[329] Lazarevic A, Obradovic Z. Effective pruning of neural network classifiers [J]. in 2001

IEEE/INNS International Conference on Neural Networks, IJCNN 2001, 2001: 796-801.
[330] Lee S. Noisy Replication in Skewed Binary Classification [J]. Computational Statistics and Data Analysis, 2000.
[331] Leigh W, Purvis R, Ragusa J M. Forecasting the NYSE composite index with technical analysis [J]. pattern recognizer, neural networks, and genetic algorithm: a case study in romantic decision support, Decision Support Systems, 2002, 32(4): 361–377.
[332] Lewis D, Catlett J. Heterogeneous uncertainty sampling for supervised learning [M]//In Machine Learning: Proceedings of the Eleventh Annual Conference, New Brunswick, New Jersey, Morgan Kaufmann. 1994, 148-156 .
[333] Lewis D, Gale W. Training text classifiers by uncertainty sampling [J]. In seventeenth annual international ACM SIGIR conference on research and development in information retrieval, 1994: 3-12.
[334] Li J, Allinson Ni, Tao D,et al. Multitraining support vector machine for image retrieval [J]. IEEE Transactions on Image Processing, 2006,15;(11): 3597-3601.
[335] Li X, Dubes R C. Tree classifier design with a permutation statistic [J]. Pattern Recognition 1986, 19:229-235.
[336] Liao Y, Moody J. Constructing heterogeneous committees via input feature grouping [M]//in Advances in Neural Information Processing Systems, Vol.12, S.A. Solla, T.K. Leen and K.-R. Muller (Eds.),MIT Press, 2000.
[337] Lim X, LohW Y, Shih X. A comparison of prediction accuracy [J]. complexity, and training time of thirty-three old and new classification algorithms . Machine Learning, 2000, 40:203-228.
[338] Lin Y K, Fu K. Automatic classification of cervical cells using a binary tree classifier [J]. Pattern Recognition, 1983, 16(1):69-80.
[339] Lin L, Wang X, Yeung D. Combining multiple classifiers based on a statistical method for handwritten chinese character recognition [J]. International Journal of Pattern Recognition and Artificial Intelligence, 2005, 19(8):1027-1040.
[340] Lin H, Kao Y, Yang F, et al. Content-based image retrieval trained by adaboost for mobile application [J]. International Journal of Pattern Recognition and Artificial Intelligence, 2006, 20(4):525-541.
[341] Lindbergh D A B, Humphreys B L. The Unified Medical Language System [J]. In: van Bemmel JH and McCray AT, 1993 Yearbook of Medical Informatics. IMIA, the Nether-lands, 1993: 41-51.
[342] Ling C X, Sheng V S, Yang Q. Test strategies for cost-sensitive decision trees[J]. IEEE Transactions on Knowledge and Data Engineering .2006, 18(8):1055-1067.
[343] Liu C. Classifier combination based on confidence transformation [M]. Pattern Recognition, 2005, 38:11– 28.

[344] Liu H, Motoda H. Feature selection for knowledge discovery and data mining [M]. Kluwer Academic Publishers, 1998.

[345] Liu H, Setiono R. A probabilistic approach to feature selection: A filter solution [M]//In Machine Learning: Proceedings of the Thirteenth International Conference on Machine Learning. Morgan Kaufmann, 1996.

[346] Liu H, Hsu W, Chen S. Using general impressions to analyze discovered classification rules [J]. In Proceedings of the Third International Conference on Knowledge Discovery and Data Mining (KDD'97). Newport Beach, California, 1997.

[347] Liu H, Mandvikar A, Mody J. An empirical study of building compact ensembles [J]. WAIM 2004: 622-627.

[348] Liu Y. Generate different neural networks by negative correlation learning [J]. ICNC (1) 2005: 149-156.

[349] Loh W Y, Shih X. Split selection methods for classification trees [J]. Statistica Sinica, 1997 7: 815-840.

[350] Loh W Y, Shih X. Families of splitting criteria for classification trees [J]. Statistics and Computing 1999, 9:309-315.

[351] LohW Y, Vanichsetakul N. Tree-structured classification via generalized discriminant Analysis [J]. Journal of the American Statistical Association, 1988, 83:715- 728.

[352] Long C. Bi-decomposition of function sets using multi-valued logic [J]. Eng.Doc. Dissertation, Technischen Universitat Bergakademie Freiberg, 2003.

[353] Lopez de Mantras R A distance-based attribute selection measure for decision tree induction [J]. Machine Learning, 1991, 6:81-92.

[354] Lorena A C. Investiga, cao de estrategias para a geracao de maquinas de vetores de suporte multiclasses [in portuguese] [D]. Ph.D. thesis, Departamento de Ciencias de Computa, cao, Instituto de Ciencias Matematicas e de Computacao, Universidade de Sao Paulo, Sao Carlos, Brazil, 2006.

[355] Lorena A C, Carvalho A C P L F. Evolutionary design of multiclass support vector machines [J]. Journal of Intelligent and Fuzzy Systems, 2007, 18(5): 445-454.

[356] Lorena A, de Carvalho A C P L F. Evolutionary design of code-matrices for multiclass problems [M]// Maimon O, Rokach L. Soft Computing for Knowledge Discovery and Data Mining, Springer, 2008: 153- 184.

[357] Lu B L, Ito M. Task decomposition and module combination based on class relations: a modular neural network for pattern classification [J]. IEEE Trans. on Neural Networks, 1999, 10(5):1244-1256.

[358] Lu H, Setiono R, Liu H. Effective data mining using neural networks [J]. IEEE Transactions on Knowledge and Data Engineering, 1996, 8 (6): 957-961.

[359] Luba T. Decomposition of multiple-valued functions [J]. in Int. Symposium on

Multiple-Valued Logic', Bloomigton, Indiana, 1995: 256-261.

[360] Lubinsky D. Algorithmic speedups in growing classification trees by using an additive split criterion [J]. Proc. AI&Statistics93, 1993: 435-444.

[361] Maher P E, Clair D C. Uncertain reasoning in an ID3 machine learning framework, in Proc [J]. 2nd IEEE Int. Conf. Fuzzy Systems, 1993: 712.

[362] Maimon O, Rokach L. Data mining by attribute decomposition with semiconductors manufacturing case study [M]// Braha D. in Data Mining for Design and Manufacturing: Methods and Applications, Kluwer Academic Publishers, 2001: 311-336.

[363] Maimon O, Rokach L. Improving supervised learning by feature decomposition [M]// Proceedings of the Second International Symposium on Foundations of Information and Knowledge Systems, Lecture Notes in Computer Science, Springer, 2002: 178-196.

[364] Maimon O, Rokach L. Ensemble of decision trees for mining manufacturing data sets [J]. Machine Engineering, 2004, 4(1-2).

[365] Maimon O, Rokach L. Decomposition methodology for knowledge discovery and data mining: theory and applications[J]. Series in Machine Perception and Artificial Intelligence - Vol. 61, World Scientific Publishing, ISBN:981-256-079-3, 2005.

[366] Mallows C L. Some comments on Cp[J]. Technometrics, 1973, 15:661- 676.

[367] Mangiameli P, West D, Rampal R. Model selection for medical diagnosis decision support systems [J]. Decision Support Systems, 2004, 36(3): 247–259.

[368] Mansour Y, McAllester D. Generalization bounds for decision trees [J]. in Proceedings of the 13th Annual Conference on Computer Learning Theory, San Francisco, Morgan Kaufmann, 2000: 69-80.

[369] Marcotorchino J F, Michaud P. Optimisation en analyse ordinale des donns [J]. Masson, Paris.

[370] Margineantu D. Methods for cost-sensitive learning [D]. Doctoral Dissertation, Oregon State University, 2001.

[371] Margineantu D, Dietterich T. Pruning adaptive boosting [J]. In Proc. Fourteenth Intl. Conf. Machine Learning, 1997: 211–218.

[372] Mart́ı R, Laguna M, Campos V. Scatter search vs. genetic algorithms: An experimental evaluation with permutation problems [M]// Rego C, Alidaee B. Metaheuristic Optimization Via Adaptive Memory and Evolution: Tabu Search and Scatter Search. Kluwer Academic Publishers, 2005:263–282.

[373] Martin J K. An exact probability metric for decision tree splitting and stopping [J]. Machine Learning, 1997, 28 (2-3):257-291.

[374] Martinez-Munoz G, Suarez A. Switching class labels to generate classification ensembles [J]. Pattern Recognition, 2005, 38: 1483–1494.

[375] Masulli F, Valentini G. Effectiveness of error correcting output codes in multiclass

learning problems [J]. In: Proceedings of the 1st International Workshop on Multiple Classifier Systems. Volume 1857 of Lecture Notes in Computer Science., Springer-Verlag , 2000: 107–116.

[376] Mayoraz E, Alpaydim E. Support vector machines for multi-class classification [J]. Research Report IDIAP-RR-98-06, Dalle Molle Institute for Perceptual Artificial Intelligence, 1998,

[377] Martigny Switzerland Mayoraz E, Moreira M. On the decomposition of polychotomies into dichotomies [J]. Research Report 96-08, IDIAP, Dalle Molle Institute for Perceptive Artificial Intelligence, Martigny, Valais, Switzerland, 1996.

[378] Mease D, Wyner W. Evidence contrary to the statistical view of boosting [J]. Journal of Machine Learning Research, 2008, 9:131-156.

[379]Mehta M, Rissanen J, Agrawal R. MDL-based decision tree pruning. KDD 1995: 216-221.

[380] Mehta M, Agrawal R, Rissanen J. SLIQ: A fast scalable classifier for data mining: In Proc [J]. If the fifth Int'l Conference on Extending Database Technology (EDBT), Avignon, France, 1996.

[381] Meir R, Ratsch G. An introduction to boosting and leveraging [J]. In Advanced Lectures on Machine Learning, LNCS, 2003: 119-184.

[382] Melville P, Mooney R J. Constructing diverse classifier ensembles using artificial training examples [J]. IJCAI 2003, 2003: 505-512.

[383] Menahem E, Rokach L, Elovici, Y. An improved stacking schema for classification tasks [J]. Information Sciences (to appear).

[384] Menahem E, Shabtai A, Rokach L, et al. Improving malware detection by applying multi-inducer ensemble [J]. Computational Statistics and Data Analysis, 2009, 53(4):1483–1494.

[385] Meretakis D, Wthrich B. Extending naive bayes classifiers using long itemsets [J]. in Proceedings of the Fifth International Conference on Knowledge Discovery and Data Mining, San Diego, USA, 1999: 165-174.

[386] Merkwirth C, Mauser H, Schulz-Gasch T, et al. Ensemble methods for classification in cheminformatics [J]. Journal of Chemical Information and Modeling, 2004, 44(6):1971–1978.

[387] Merler S, Caprile B, Furlanello C. Parallelizing AdaBoost by weights dynamics [J]. Computational Statistics and Data Analysis, 2007, 51:2487-2498.

[388] Merz C J, Murphy P M. UCI Repository of machine learning databases [J]. Irvine, CA: University of California, Department of Information and Computer Science, 1998.

[389] Merz C J. Using correspondence analysis to combine classifier [J]. Machine Learning, 1999, 36(1-2):33-58.

[390] Michalewicz Z, Fogel D B. How to solve it: modern heuristics [M]. Springer.

[391] Michalski R S, Tecuci G. Machine learning, a multistrategy approach [M]//Vol J. Morgan Kaufmann, 1994.

[392] Michalski R S. A theory and methodology of inductive learning [J]. Artificial Intelligence, 1983, 20:111- 161.

[393] Michalski R S. Understanding the nature of learning: issues and research directions [M]// Michalski R, Carbonnel J, Mitchell T. Machine Learning: An Artificial Intelligence Approach, Kaufmann, Paolo Alto, CA, 1986: 3–25.

[394] Michie D, Spiegelhalter D J, Taylor C C. Machine learning, neural and statistical classification [M]. Prentice Hall, 1994.

[395] Michie D. Problem decomposition and the learning of skills [M]// in Proceedings of the European Conference on Machine Learning, Springer-Verlag,1995: 17-31.

[396] Mierswa I, Wurst M, Klinkenberg R, et al. YALE: Rapid prototyping for complex data mining tasks [J]. in Proceedings of the 12th ACM SIGKDDInternational Conference on Knowlcdgc Discovery and Data Mining(KDD-06), 2006.

[397] Mingers J. An empirical comparison of pruning methods for decision tree induction [J]. Machine Learning, 1989, 4(2):227-243.

[398] Minsky M. Logical vs, Analogical or symbolic vs. connectionist or neat vs scruffy [M]// Winston P H. in Artificial Intelligence at MIT., Expanding Frontiers, Vol 1, MIT Press, 1990. Reprinted in AI Magazine, 1991.

[399] Mishra S K, Raghavan V V. An empirical study of the performance of heuristic methods for clustering [M]//Gelsema E S, Kanal L N. In Pattern Recognition in Practice, 425436, 1994.

[400] Mitchell M. An introduction to genetic algorithms [M]. MIT Press, 1999.

[401] Mitchell T. The need for biases in learning generalizations [J]. Technical Report CBM-TR-117, Rutgers University, Department of Computer Science, New Brunswick, NJ, 1980.

[402] Mitchell T. Machine learning[M]. McGraw-Hill, 1997.

[403] Montgomery D C. Design and analysis [M]. 4th edition. Wiley, New York, 1997.

[404] Moody J, Darken C. Fast learning in networks of locally tuned units [J]. Neural Computations, 1989, 1(2):281-294.

[405] Moreno-Seco F, Jose M, et al. Comparison of classifier fusion methods for classification in pattern recognition tasks [M]//D Y Yeung D. et al. SSPR-SPR 2006, LNCS 4109, 2006: 705–713.

[406] Morgan J N, Messenger R C. THAID: a sequential search program for the analysis of nominal scale dependent variables [J]. Technical report, Institute for Social Research, Univ. of Michigan, Ann Arbor, MI, 1973.

[407] Moskovitch R, Elovici Y, Rokach L. Detection of unknown computer worms based on

behavioral classification of the host [J]. Computational Statistics and Data Analysis, 2008, 52(9):4544–4566.

[408] Muller W, Wysotzki F. Automatic construction of decision trees for classification [J]. Annals of Operations Research, 1994, 52:231-247.

[409] Murphy O J, McCraw R L. Designing storage efficient decision trees [J]. IEEE-TC 1991, 40(3):315-320.

[410] Murtagh F. A survey of recent advances in hierarchical clustering algorithms which use cluster centers [J]. Comput. J. 26:354-359, 1984.

[411] Murthy S K, Kasif S, Salzberg S. A system for induction of oblique decision trees [J]. Journal of Artificial Intelligence Research, 1994, 2:1-33.

[412] Murthy S, Salzberg S. Lookahead and pathology in decision tree induction [M]// Mellish C S. Proceedings of the 14th International Joint Con- ference on Articial Intelligence, Morgan Kaufmann, 1995: 1025-1031.

[413] Murthy S K. Automatic construction of decision trees from data: a multi- disciplinary survey [J]. Data Mining and Knowledge Discovery, 1998, 2(4):345-389.

[414] Myers E W. An O(ND) Difference algorithm and its variations [J]. Algorithmica, 1986. 1(1): 251-266.

[415] Naumov G E. NP-completeness of problems of construction of optimal decision trees [J]. Soviet Physics: Doklady, 1991: 36(4):270-271.

[416] Neal R. Probabilistic inference using Markov Chain Monte Carlo methods [J] . Tech. Rep. CRG-TR-93-1, Department of Computer Science, University of Toronto, Toronto, CA, 1993.

[417] Ng R, Han J. Very large data bases [J]. In Proceedings of the 20th International Conference on Very Large Data Bases (VLDB94, Santiago, Chile, Sept.), VLDB Endowment, Berkeley, CA, 1994: 144-155.

[418] Niblett T, Bratko I. Learning decision rules in noisy domains [M]. Proc. Expert Systems 86, Cambridge: Cambridge University Press, 1986.

[419] Niblett T. Constructing decision trees in noisy domains [J]. In Proceedings of the Second European Working Session on Learning, 1987: 67-78.

[420] Nowlan S J, Hinton G E. Evaluation of adaptive mixtures of competing experts [M]//In Advances in Neural Information Processing Systems, Lippmann R P, Moody J E, Touretzky D S. vol. 3, Morgan Kaufmann Publishers Inc, 1991: 774-780.

[421] Nunez M. Economic induction: A case study[M]// Sleeman D. Proceeding of the Third European Working Session on Learning. London: Pitman Publishing, 1998.

[422] Nunez M. The use of background knowledge in decision tree induction [J]. Machine Learning, 6(1), 1991: 231-250

[423] Oates T, Jensen D. Large datasets lead to overly complex models: An Explanation and a

Solution [J]. KDD 1998, 1998: 294-298.

[424] Ohno-Machado L, Musen M A. Modular neural networks for medical prognosis: Quantifying the benefits of combining neural networks for survival prediction [J]. Connection Science, 1997, 9(1):71-86.

[425] Olaru C, Wehenkel L. A complete fuzzy decision tree technique [J] Fuzzy Sets and Systems, 2003, 138(2):221–254.

[426] Oliveira L S, Sabourin R, Bortolozzi F, et al. A methodology for feature selection using multi-objective genetic algorithms for handwritten digit string recognition [J]. International Journal of Pattern Recognition and Artificial Intelligence, 2003, 17(6):903-930.

[427] Opitz D. Feature selection for ensembles [J]. In: Proc. 16th National Conf. on Artificial Intelligence, AAAI, 1999: 379-384.

[428] Opitz D, Maclin R. Popular ensemble methods: an empirical study [J]. Journal of Artificial Research, 1999, 11: 169-198.

[429] Opitz D, Shavlik J. Generating accurate and diverse members of a neuralnetwork ensemble [M]// Touretzky D S, Mozer M C, Hasselmo M E. Advances in Neural Information Processing Systems, volume 8, The MIT Press, 1996: 535–541.

[430] P′erez-Cruz F, Art′es-Rodr′ıguez A. Puncturing multi-class support vector machines [J]. In: Proceedings of the 12th International Conference on Neural Networks (ICANN). Volume 2415 of Lecture Notes in Computer Science. Springer-Verlag, 2002: 751–756.

[431] Pagallo G, Huassler D. Boolean feature discovery in empirical learning [J]. Machine Learning, 1990, 5(1): 71-99.

[432] S Pang, D Kim, S Y Bang. Membership authentication in the dynamic group by face classification using SVM ensemble [J]. Pattern Recognition Letters,2003, 24: 215–225.

[433] Park C, Cho S. Evolutionary computation for optimal ensemble classifier in lymphoma cancer classification [M]// Zhong N, Ras Z W, Tsumoto S, et al. Foundations of Intelligent Systems, 14th International Symposium, ISMIS 2003, Maebashi City, Japan, October 28-31, 2003, Proceedings. Lecture Notes in Computer Science, 2003: 521-530.

[434] Parmanto B, Munro P W, Doyle H R Improving committee diagnosis with resampling techniques [M]// Touretzky D S, Mozer M C, Hesselmo M E. Advances in Neural Information Processing Systems, Vol. 8, Cambridge, MA. MIT Press, 1996: 882-888.

[435] Partridge D, Yates W B. Engineering multiversion neural-net systems [J]. Neural Computation, 1996, 8(4):869-893.

[436] Passerini A, Pontil M, Frasconi P. New results on error correcting output codes of kernel machines [J]. IEEE Transactions on Neural Networks, 2004, 15: 45–54.

[437] Pazzani M, Merz C, Murphy P, et al. Reducing misclassification costs [J]. In Proc. 11th International conference on Machine Learning, 1994, 217-225.

[438] Pearl J, Morgan K. Probabilistic reasoning in intelligent systems: networks of plausible inference [M]. Morgan-Kaufmann, 1988.

[439] Peng F, Jacobs R A, Tanner M A. Bayesian inference in mixtures-of-experts and hierarchical mixtures-of-experts models with an application to speech recognition [J]. Journal of the American Statistical Association 91, 1996: 953-960.

[440] Peng Y. Intelligent condition monitoring using fuzzy inductive learning [J]. Journal of Intelligent Manufacturing, 2004, 15 (3): 373-380.

[441] Perkowski M A, Luba T, Grygiel S, et al. Unified approach to functional decompositions of switching functions [J]. Technical report, Warsaw University of Technology and Eindhoven University of Technology, 1995.

[442] Perkowski M, Jozwiak L, Mohamed S. New approach to learning noisy Boolean functions [J]. Proceedings of the Second International Conference on Computational Intelligence and Multimedia Applications, World Scientific, Australia. 1998: 693–706.

[443] Perkowski M A. A survey of literature on function decomposition [J]. Technical report, GSRP Wright Laboratories, Ohio OH, 1995.

[444] Perner P. Improving the accuracy of decision tree induction by feature pre-selection [J]. Applied Artificial Intelligence, 2001, 15;(8):747-760.

[445] Peterson W W, Weldon E J. Error-correcting codes[M]. 2 edition The MIT Press, 1972.

[446] Pfahringer B, Bensusan H, Giraud-Carrier C. Tell me who can learn you and I can tell you who you are: landmarking various learning algorithms [J]. In Proc. of the Seventeenth International Conference on Machine Learning (ICML2000), 2000: 743-750.

[447] Pfahringer B. Controlling constructive induction in CiPF [M]. Bergadano, F,De Raedt L. Proceedings of the seventh European Conference on Machine Learning, Springer-Verlag, 1994: 242-256.

[448] Pfahringer B. Compression- based feature subset selection [J]. In Proceeding of the IJCAI-95 Workshop on Data Engineering for Inductive Learning, 1995: 109-119.

[449] Phama T, Smeuldersb A. Quadratic boosting[J]. Pattern Recognition 41(2008): 331 - 341.

[450] Piatetsky-Shapiro G. Discovery analysis and presentation of strong rules [M]// Knowledge Discovery in Databases, AAAI/MIT Press, 1991.

[451] Pimenta E, Gama J. A study on error correcting output codes [M]//In: Proceedings of the 2005 Portuguese Conference on Artificial Intelligence, IEEE Computer Society Press, 2005: 218–223.

[452] Poggio T, Girosi F. Networks for Approximation and Learning, Proc [J]. lEER, 1990, 78(9): 1481-1496.

[453] Polikar R. Ensemble based systems in decision making [J]. IEEECircuits and Systems Magazine, 2006,6; (3): 21-45.

[454] Pratt L Y, Mostow J, Kamm C A. Direct transfer of learned information among neural

networks [J]. in: Proceedings of the Ninth National Conference on Artificial Intelligence, Anaheim, CA, 1991, 584-589.

[455] Prodromidis A L, Stolfo S J, Chan P K. Effective and efficient pruning of meta classifiers in a distributed data mining system [J]. Technical report CUCS-017-99, Columbia Univ, 1999.

[456] Provan G M, Singh M. Learning bayesian networks using feature selection [M]// Fisher D, Lenz H. Learning from Data, Lecture Notes in Statistics, Springer- Verlag, New York, 1996: 291– 300.

[457] Provost F. Goal-directed inductive learning: trading off accuracy for reduced error cost [J]. AAAI Spring Symposium on Goal-Driven Learning, 1994.

[458] Provost F, Fawcett T. Analysis and visualization of classifier performance comparison under imprecise class and cost distribution [J]. In Proceedings of KDD-97, AAAI Press, 1997: 43-48.

[459] Provost F, Fawcett T. The case against accuracy estimation for comparing induction algorithms [J]. Proc. 15th Intl. Conf. On Machine Learning, Madison, WI, 1998: 445-453.

[460] Provost F, Fawcett T. Robust classification for imprecise environments [J]. Machine Learning, 2001, 42/3:203-231.

[461] Provost F J, Kolluri V. A survey of methods for scaling up inductive learning algorithms [J]. Proc. 3rd International Conference on Knowledge Discovery and Data Mining, 1997.

[462] Provost F, Jensen D, Oates T. Efficient progressive sampling [J] In Proceedings of the Fifth International Conference on Knowledge Discovery and Data Mining, 1999: 23-32.

[463] Pujol O, Tadeva P, Vitri`a J. Discriminant ECOC: a heuristic method for application dependetn design of error correcting output codes [J]. IEEE Transactions on Pattern Analysis and Machine Intelligence, 2006, 28(6):1007– 1012.

[464] Quinlan J R, Rivest R L. Inferring decision trees using the minimum description length principle [J]. Information and Computation, 1989: 80:227-248.

[465] Quinlan J R. Learning efficient classification procedures and their application to chess endgames [M]// Michalski R, Carbonell J, Mitchel T. Machine learning: an AI approach. Los Altos, CA. Morgan Kaufman , 1983.

[466] Quinlan J R. Induction of decision trees [J]. Machine Learning 1, 81-106, 1986.

[467] Quinlan J R. Simplifying decision trees [J]. International Journal of Man-Machine Studies, 1987: 27, 221-234.

[468] Quinlan J R. Decision trees and multivalued attributes, [M]//Richards. Machine Intelligence, V. 11, Oxford, England, Oxford Univ. Press, 1988: 305-318.

[469] Quinlan J R. Unknown attribute values in induction [M]// Segre A Proceedings of the Sixth International Machine Learning Workshop Cornell, New York. Morgan Kaufmann, 1989.

[470] Quinlan J R. Unknown attribute values in induction [M]// In Segre A. Proceedings of the Sixth International Machine Learning Workshop Cornell, New York. Morgan Kaufmann, 1989.

[471] Quinlan J R. C4.5: Programs for machine learning [M]. Morgan Kaufmann, Los Altos, 1993.

[472] Quinlan J R. Bagging, Boosting, and C4.5 [J]. In Proceedings of the Thirteenth National Conference on Artificial Intelligence, 1996: 725-730.

[473] R Development Core Team (2004). R: A language and environment for statistical computing [J]. R Foundation for Statistical Computing, Vienna, Austria. ISBN 3-900051-00-3, http://cran.r-project.org/, 2004

[474] Renyi A. Probability theory[M] North-Holland, Amsterdam, 1970.

[475] Ratsch G, Smola A J, Mika S. Adapting codes and embeddings for polychotomies [J]. In: Advances in Neural Information Processing Systems. Volume 15., MIT Press 2003: 513–520.

[476] Ragavan H, Rendell L. Look ahead feature construction for learning hard concepts [J]. In Proceedings of the Tenth International Machine Learning Conference，Morgan Kaufman, 1993: 252-259.

[477] Rahman A F R, Fairhurst M C. A new hybrid approach in combining multiple experts to recognize handwritten numerals [J]. Pattern Recognition Letters, 1997, 18: 781-790.

[478] Rakotomalala R. TANAGRA: a free software for research andacademic purposes [J]. in Proceedings of EGC'2005, RNTI-E-3, 2005, 2: 697-702.

[479] Ramamurti V, Ghosh J. Structurally adaptive modular networks for non-stationary environments [J]. IEEE Transactions on Neural Networks, 1999, 10 (1):152-160.

[480] Rand W M. Objective criteria for the evaluation of clustering methods[J]. Journal of the American Statistical Association, 1971, 66: 846–850.

[481] Rao R, Gordon D, Spears W. For every generalization action, is there really an equal or opposite reaction [M]// analysis of conservation law. In Proc. of the Twelveth International Conference on Machine Learning, Morgan Kaufmann. 1995: 471- 479.

[482] Rastogi R, Shim K. PUBLIC: A decision tree classifier that integrates building and pruning,Data Mining and Knowledge Discovery, 2000， 4(4):315-344.

[483] Ratsch G, Onoda T, Muller K R. Soft margins for Adaboost [J]. Machine Learning，2001, 42(3):287-320.

[484] Ray S, Turi R H. Determination of number of clusters in K-means clustering and application in color image segmentation[D]. Monash university, 1999.

[485] Buczak A L, Ziarko W. Stages of the discovery process[M]// Klosgen W, Zytkow J M. Handbook of Data Mining and Knowledge Discovery, Oxford University Press, 2002: 185-192.

[486] Ridgeway G, Madigan D, Richardson T,et al. Interpretable boosted naive bayes classification [J]. Proceedings of the Fourth International Conference on Knowledge Discovery and Data Mining, 1998: 101-104.

[487] Rifkin R, Klautau A. In defense of one-vs-all classification [J]. Journal of Machine Learning Research, 2004, 5:1533–7928.

[488] Rigoutsos I, Floratos A. Combinatorial pattern discovery in biological sequences: The TEIRESIAS algorithm [J]. Bioinformatics, 1998, 14(2): 229-239.

[489] Rissanen J. Stochastic complexity and statistical inquiry [M]. World Scientific.

[490] Rodriguez J J. Rotation forest: a new classifier ensemble method [J]. IEEE Transactions on Pattern Analysis and Machine Intelligence, 2006, 20(10): 1619-1630.

[491] Rokach L. Ensemble Methods for Classifiers [M]// Maimon O, Rokach L. The data mining and knowledge discovery handbook, Springer, 2005: 957-980.

[492] Rokach L. Decomposition methodology for classification tasks - a meta decomposer framework [J]. Pattern Analysis and Applications, 9(2006):257-271.

[493] Rokach L. Genetic algorithm-based feature set partitioning for classification problems [J].Pattern Recognition, 2008, 41(5):1676–1700.

[494] Rokach L. Mining manufacturing data using genetic algorithm-based feature set decomposition [J]. Intelligent Systems Technologies and Applications, 2008, 4(1):57-78.

[495] Rokach L. Collective-agreement-based pruning of ensembles [J]. Computational Statistics and Data Analysis, 2009, 53(4):1015–1026.

[496] Rokach L. Taxonomy for characterizing ensemble methods in classification tasks: A review and annotated bibliography [J]. Computational Statistics and Data Analysis, 2009, 53(12):4046-4072.

[497] Rokach L, Maimon O, Lavi I. Space decomposition in data mining: a clustering approach [J]. Proceedings of the 14th International Symposium On Methodologies For Intelligent Systems, Maebashi, Japan, Lecture Notes in Computer Science, Springer-Verlag, 2003: 24–31.

[498] Rokach L, Averbuch M, Maimon O. Information retrieval system for medical narrative reports [J]. Lecture Notes in Artificial intelligence 3055, Springer-Verlag, 2004:217-228 .

[499] Rokach L, Maimon O, Arad O. Improving supervised learning by sample decomposition [J]. International Journal of Computational Intelligence and Applications, 2005, 5(1):37-54.

[500] Rokach L R, Arbel O, Maimon. Selective voting-getting more for less in sensor fusion [J]. International Journal of PatternRecognition and Artificial Intelligence, 2006, 20(3):329-350.

[501] Rokach L, Chizi B, Maimon O. A methodology for improving the performance of non-ranker feature selection filters [J]. International Journal of Pattern Recognition and

Artificial Intelligence, 2007, 21(5): 809-830.

[502] Rokach L, Romano R, Maimon O. Negation recognition in medical narrative reports [J]. Information Retrieval, 2008, 11(6): 499-538.

[503] Rokach L, Maimon O. Theory and application of attribute decomposition [J]. Proceedings of the First IEEE International Conference on Data Mining, IEEE Computer Society Press, 2001: 473-480.

[504] Rokach L, Maimon O. Top down induction of decision trees classifiers: a survey [J]. IEEE SMC Transactions Part C. Volume 35, Number 3, 2005a.

[505] Rokach L, Maimon O. Feature set decomposition for decision trees [J]. Journal of Intelligent Data Analysis, Volume 9, Number 2, 2005b:131-158.

[506] Rokach L, Maimon O. Clustering methods [J]. data mining and knowledge discovery handbook, Springer, 2005: 321–352.

[507] Rokach L, Maimon O. Data mining for improving the quality of manufacturing: a feature set decomposition approach [J]. Journal of Intelligent Manufacturing, Springer, 2006, 17(3):285–299.

[508] Rokach L, Maimon O. Data mining with decision trees: theory and applications [M]. World Scientific Publishing, 2008.

[509] Ronco E. Gollee H, Gawthrop P J. Modular neural network and self decomposition [J]. CSC Research Report CSC-96012, Centre for Systems and Control, University of Glasgow, 1996.

[510] Rosen B E. Ensemble Learning Using Decorrelated Neural Networks [J]. Connect. Sci. 1996, 8(3): 373-384.

[511] Rounds E. A combined non-parametric approach to feature selection and binary decision tree design [J]. Pattern Recognition, 1980, 12:313-317.

[512] Rudin C, Daubechies I, Schapire R E. The dynamics of Adaboost: cyclic behavior and convergence of margins [J]. Journal of Machine Learning Research, 2004, 5: 1557-1595.

[513] Rumelhart D, Hinton G, Williams R. Learning internal representations through error propagation [M]// Rumelhart D, McClelland J. In Parallel Distributed Processing: Explorations in the Microstructure of Cognition, Volume 1: Foundations, Cambridge, MA: MIT Press, 1986: 2540.

[514] Saaty X. The analytic hierarchy process: a 1993 overview [J]. Central European Journal for Operations Research and Economics, 1993 ,2; (2): 119-137.

[515] Safavin S R, Landgrebe D. A survey of decision tree classifier methodology [J]. IEEE Trans. on Systems, Man and Cybernetics, 1991, 21(3):660-674.

[516] Sakar A, Mammone R J. Growing and pruning neural tree networks [J]. IEEE Trans. on Computers 42, 1993: 291-299.

[517] Salzberg S L On comparing classifiers: pitfalls to avoid and a recommended approach

[M]//data mining and knowledge discovery, Kluwer Academic Publishers, Bosto, 1997:312-327.

[518] Samuel A. Some studies in machine learning using the game of checkers II: Recent progress [J]. IBM J. Res. Develop, 1967, 11:601-617.

[519] Schaffer C. When does overfitting decrease prediction accuracy in induced decision trees and rule sets [J]. In Proceedings of the European Working Session on Learning (EWSL-91), Berlin, 1991: 192-205.

[520] Schaffer C. Selecting a classification method by cross-validation [J]. Machine Learning 1993, 13(1):135-143.

[521] Schaffer J. A conservation law for generalization performance [J]. In Proceedings of the 11th International Conference on Machine Learning: 1993: 259-265.

[522] Schapire R E. The strength of weak learnability [J]. Machine learning 1990,5(2): 197- 227.

[523] Schapire R E. Using output codes to boost multiclass learning problems [J]. Proc. 14th Intl Conf. Machine Learning. Nashville, TN, USA, 1997: 313-321.

[524] Schclar A, Rokach L. Random projection ensemble classifiers [J]. ICEIS 2009: 309–316.

[525] Schclar A, Rokach L, Meisels A. Ensemble methods for improving the performance of neighborhood-based collaborative filtering [J]. Proc. ACM RecSys, 2009.

[526] Schlimmer J C. Efficiently inducing determinations: A complete and systematic search algorithm that uses optimal pruning [J]. In Proceedings of the 1993 International Conference on Machine Learning: San Mateo, CA, Morgan Kaufmann, 1993: 284-290.

[527] Schmitt M. On the complexity of computing and learning with multiplicative neural networks [J]. Neural Computation, 2002, 14(2): 241-301.

[528] Seewald A K. Exploring the parameter state space of stacking [J]. In: Proc. Of the 2002 IEEE Int. Conf. on Data Mining, 2002A: 685–688.

[529] Seewald A K. How to make stacking better and faster while also taking care of an unknown weakness [J]. In: Nineteenth International Conference on Machine Learning, 2002B: 554–561.

[530] Seewald A K. Towards understanding stacking [D]. PhD Thesis, Vienna University of Technology, 2003.

[531] Seewald A K, Furnkranz J. Grading classifiers [J]. Austrian research institute for Artificial intelligence, 2001.

[532] Selfridge O G. Pandemonium: a paradigm for learning [J]. In Mechanization of Thought Processes: Proceedings of a Symposium Held at the National Physical Laboratory, November, London: H.M.S.O., 1958: 513-526.

[533] Selim S Z, Al-Sultan, K. A simulated annealing algorithm for the clustering problem[J]. Pattern Recogn. 1991, 24(10):1003-1008.

[534] Selim S Z, Ismail M A. K-means-type algorithms: a generalized convergence theorem and

characterization of local optimality [J]. In IEEE Transactions on Pattern Analysis and Machine Learning, 1984: vol. PAMI-6, no. 1, January.

[535] Servedio R. On Learning monotone DNF under product distributions [J]. Information and Computation 2004, 193: 57-74.

[536] Sethi K, Yoo J H. Design of multicategory, multifeature split decision trees using perceptron learning [J]. Pattern Recognition, 1994, 27(7):939-947.

[537] Sexton J, Laake P. LogitBoost with errors-in-variables [J]. Computational Statistics and Data Analysis, 2008, 52 :2549-2559.

[538] Shafer J C, Agrawal R, Mehta M. SPRINT: a scalable parallel classifier for data mining, Proc [M]// Vijayaraman T M, Buchmann A P Mohan C, N L Sarda. 22nd Int. Conf. Very Large Databases, Morgan Kaufmann, 1996: 544-555.

[539] Shapiro A D, Niblett T Automatic induction of classification rules for a chess endgame [J]. M. R. B. Clarke. Advances in Computer Chess 3, Pergamon, Oxford, 1982: 73-92.

[540] Shapiro A D. Structured induction in expert systems [M]. Turing Institute Press in association with Addison-Wesley Publishing Company, 1987.

[541] Sharkey A. Sharkey N. Combining diverse neural networks, The Knowledge Engineering Review, 1997, 12(3): 231–247.

[542] Sharkey A. On combining artificial neural nets [J]. Connection Science, 1996, 8: 299-313.

[543] Sharkey A. Multi-Net Iystems[M]// Sharkey A. Combining Artificial Neural Networks: Ensemble and Modular Multi-Net Systems. Springer- Verlag, 1999: 1-30.

[544] Shen L, Tan E C. Seeking better output-codes with genetic algorithm for multiclass cancer classification [J]. Submitted to Bioinformatics, 2005.

[545] Shilen S. Multiple binary tree classifiers [J]. Pattern Recognition, 1990, 23(7): 757-763.

[546] Shilen S. Nonparametric classification using matched binary decision trees [J]. Pattern Recognition Letters, 1992, 13: 83-87.

[547] Simn M D J, Pulido J A G, Rodrguez M A V, et al. A genetic algorithm to design error correcting codes [M]// In: Proceedings of the 13th IEEE Mediterranean Eletrotechnical Conference 2006, IEEE Computer Society Press,2006: 807–810.

[548] Sivalingam D, Pandian N, Ben-Arie J. Minimal classification method with error-correcting codes for multiclass recognition[J]. International Journal of Pattern Recognition and Artificial Intelligence, 2005, 19(5): 663 - 680.

[549] Sklansky J, Wassel G N. Pattern classifiers and trainable machines [M]. SpringerVerlag, New York, 1981.

[550] Skurichina M, Duin R P W. Bagging, boosting and the random subspace method for linear classifiers [J]. Pattern Analysis and Applications, 2002, 5(2):121– 135.

[551] Sloane N J A. A library of orthogonal arrays [M]// Smyth P, Goodman R. Rule induction using information theory. Knowledge Discovery in Databases, AAAI/MIT Press, 2007.

[552] Sneath P, Sokal R. Numerical taxonomy [J]. W.H. Freeman Co., San Francisco, CA, 1973.

[553] Snedecor G, Cochran W. Statistical methods [J]. Owa State University Press, Ames, IA, 8th Edition, 1989.

[554] Sohn S Y, Choi H. Ensemble based on data envelopment analysis [J]. ECML Meta Learning workshop, 2001.

[555] Sohna S Y, Shinb H W. Experimental study for thecomparison of classifier combination methods[J]. Pattern Recognition, 2007, 40: 33–40.

[556] Someren van M,Torres C, Verdenius F. A systematic description of greedy optimisation algorithms for cost sensitive generalization[M]// Liu X, Cohen P, Berthold M. Advance in Intelligent Data Analysis (IDA-97) LNCS 1997: 1280, pp. 247-257.

[557] Sonquist J A, Baker E L, Morgan J N. Searching for structure [J]. Institute for Social Research, Univ. of Michigan, Ann Arbor, MI, 1971.

[558] Spirtes P, Glymour C, Scheines R. Causation, prediction, and search [M]. Springer Verlag, 1993.

[559] Statnikov A, Aliferis C F, Tsamardinos I, et al. A comprehensive evaluation of multicategory methods for microarray gene expression cancer diagnosis [J]. Bioinformatics, 2005, 21(5) :631–643.

[560] Steuer R E. Multiple criteria optimization: theory， computation and application[M]. John Wiley, New York, 1986.

[561] Strehl A, Ghosh J. Clustering guidance and quality evaluation using relationship-based visualization [J]. Proceedings of Intelligent Engineering Systems Through Artificial Neural Networks, 5-8 November 2000, St. Louis, Missouri, USA, 2000: 483-488.

[562] Strehl A, Ghosh J, Mooney R. Impact of similarity measures on web-page clustering [J]. In Proc. AAAIWorkshop on AI for Web Search, 2000: 58–64.

[563] Sun Y, Todorovic S, Li L. Reducing the overfitting of adaboost by controlling its data distribution skewness [J]. International Journal of Pattern Recognition and Artificial Intelligence, 2006: 20(7):1093-1116.

[564] Sun Y, Todorovic S, Li J,et al. Unifying the error-correcting and output-code AdaBoost within the margin framework [J]. Proceedings of the 22ndinternational conference on Machine learning, 2005: 872-879.

[565] Tadepalli P, Russell S. Learning from examples and membership queries with structured determinations [J]. Machine Learning, 1998, 32(3): 245-295.

[566] Tan A C, Gilbert D, Deville Y. Multi-class protein fold classification using a new ensemble machine learning approach [J]. Genome Informatics, 2003, 14:206– 217.

[567] Tang E K, Suganthan P N, Yao X. An analysis of diversity measures[J]. Machine Learning, 2006;65:247-271.

[568] Tani T, Sakoda M. Fuzzy modeling by ID3 algorithm and its application to prediction of

heater outlet temperature [J]. Proc. IEEE lnternat. Conf. on Fuzzy Systems, March, 1992: 923-930.

[569] Dacheng Tao, Xiaoou Tang. SVM-based relevance feedback using random subspace method [J]. IEEE International Conference on Multimedia and Expo, 2004: 647-652.

[570] Tao D, Tang X, Li X. Asymmetric bagging and random subspace for support vector machines-based relevance feedback in image retrieval [J]. IEEE Transactions on Pattern Analysis and Machine Intelligence, 2006, 28;(7): 1088-1099.

[571] Tao D, Li X, Stephen J. Maybank, Negative samples analysis in relevance feedback [J]. IEEE Transactions on Knowledge and Data Engineering, 2007, 19 (4):568-580.

[572] Tapia E, Gonz'alez J C, Garcia-Villalba J, et al. Recursive adaptive ECOC models [M]//In: Proceedings of the 10th Portuguese Conference on Artificial Intelligence. Volume 2258 of Lecture Notes in Artificial Intelligence., Springer-Verlag. 2001:96–103.

[573] Tapia E, Gonz'alez J C, Garc'ıa-Villalba J. Good error correcting output codes for adaptive multiclass learning [J]. In: Proceedings of the 4th International Workshop on Multiple Classifier Systems 2003. Volume 2709 of Lecture Notes in Computer Science., Springer-Verlag, 2003: 156–165.

[574] Taylor P C, Silverman B W. Block diagrams and splitting criteria for classification trees. Statistics[D]. and Computing [J]. 1993, 3(4):147-161.

[575] Tibshirani R, Walther G, Hastie T. Estimating the number of clusters in a dataset via the gap statistic[D]. Tech. Rep. 208, Dept. of Statistics, Stanford University, 2000.

[576] Ting K M, Witten I H. Issues in stacked generalization, J. Artif. Intell. Res. 1999, 10: 271-289.

[577] Towell G, Shavlik J. Knowledge-based artificial neural networks [J] Artificial Intelligence, 1994, 70: 119-165.

[578] Tresp V, Taniguchi M. Combining estimators using non-constant weighting functions [M]// Tesauro G, Touretzky D, Leen, T. Advances in Neural Information Processing Systems, The MIT Press 1995, 7: 419-426.

[579] Tsallis C. Possible generalization of boltzmann-gibbs statistics [J]. Stat.Phys., 1988, 52, 479-487.

[580] Tsao C A, Chang Y I. A stochastic approximation view of boosting. Comput. Stat. Data Anal. 2007, 52 (1): 325-344.

[581] Tsoumakas G, Partalas I, Vlahavas I. A taxonomy and short review of ensemble selection [J]. Proc. Workshop on Supervised and Unsupervised Ensemble Methods, ECAI, Patras, Greece, 2008.

[582] Tsymbal A, Puuronen S. Ensemble feature selection with the simple bayesian classification in medical diagnostics [J]. In: Proc. 15thIEEE Symp. on Computer-Based Medical Systems CBMS2002, Maribor, Slovenia,IEEE CS Press, 2002: 225-230.

[583] Tsymbal A, Puuronen S, Patterson D. Feature selection for ensembles of simple bayesian classifiers [J]. In: Foundations of Intelligent Systems: ISMIS2002, LNAI, Vol. 2366, Springer, 2002: 592-600.

[584] Tsymbal A, Pechenizkiy M, Cunningham P. Diversity in search strategies for ensemble feature selection [J]. Information Fusion, 2005, 6(1): 83-98.

[585] Tukey J W. Exploratory data analysis [M]. Addison-Wesley, Reading, Mass, 1977.

[586] Tumer K, Ghosh J. Error correlation and error reduction in ensemble classifiers [J]. Connection Science, Special issue on combining artificial neural networks: ensemble approaches, 1996, 8(3-4): 385-404.

[587] Tumer K, Ghosh J. Linear and order statistics combiners for pattern classification [J].A Sharkey A. in Combining Articial Neural Nets, Springer-Verlag. 1999: 127-162.

[588] Tumer K, Ghosh J. Robust order statistics based ensembles for distributed data mining [M]// Kargupta, H, Chan P. Advances in Distributed and Parallel Knowledge Discovery ,AAAI/MIT Press. 2000: 185-210.

[589] K Tumer, Oza C N. Input decimated ensembles[J]. Pattern Analysis and Application (2003), 6: 65-77.

[590] Turney P. Cost-sensitive classification: empirical evaluation of hybrid genetic decision tree induction algorithm [J]. Journal of Artificial Intelligence Research,1995: 369-409.

[591] Turney P. Types of cost in inductive concept learning [J]. Workshop on Cost Sensitive Learning at the 17th ICML, Stanford, CA, 2000.

[592] Tutz G, Binder H. Boosting ridge regression [J]. Computational Statistics and Data Analysis , 2007: 51:6044–6059.

[593] Tuv E, Torkkola K. Feature filtering with ensembles using artificial contrasts[J]. In Proceedings of the SIAM 2005 Int. Workshop on Feature Selection for Data Mining, Newport Beach, CA, 2005: 69-71.

[594] Tyron R C, Bailey D E. Cluster analysis [M]. McGraw-Hill, Urquhart, R. Graph-theoretical clustering, based on limited neighborhood sets. Pattern Recognition, 1982,15: 173-187.

[595] Utgoff P E, Clouse J A. A Kolmogorov-Smirnoff metric for decision tree induction, Technical Report 96-3 [J]. University of Massachusetts, Department of Computer Science, Amherst, MA, 1996.

[596] Utgoff P E. Perceptron trees: A case study in hybrid concept representations [J]. Connection Science, 1989, 1(4):377-391.

[597] Utgoff P E. Incremental induction of decision trees [J]. Machine Learning, 1989, 4:161-186.

[598] Utgoff P E. Decision tree induction based on efficient tree restructuring [J]. Machine Learning 1997, 29 (1):5-44.

[599] Vafaie H, De Jong K. Genetic algorithms as a tool for restructuring feature space representations [J]. In Proceedings of the International Conference on Tools with A. I. IEEE Computer Society Press, 1995.

[600] Valentini G, Masulli F. Ensembles of learning machines [M]// Tagliaferri R, Marinaro M. Neural Nets, WIRN, Vol. 2486 of Lecture Notes in ComputerScience, Springer, 2002: 3-19.

[601] Valiant L G. A theory of the learnable [J]. Communications of the ACM 1984: 1134-1142.

[602] Van Rijsbergen C J. Information retrieval [M]. Butterworth, 1979.

[603] Van Zant P. Microchip fabrication: a practical guide to semiconductor processing [M]. New York: McGraw-Hill, 1997.

[604] Vapnik V N. The nature of statistical learning theory [M]. Springer-Verlag, New York, 1995.

[605] Veyssieres M P, Plant R E. Identification of vegetation state-and-transition domains [J]. in California's hardwood rangelands, University of California, 1998.

[606] Vilalta R, Giraud–Carrier C, Brazdil P. Meta-learning[M]// Maimon O, Rokach L. Handbook of Data Mining and Knowledge Discovery in Databases, Springer. 2005: 731-748.

[607] Villalba Santiago D, Rodrguez Juan J, Alonso Carlos J. An empirical comparison of boosting methods via OAIDTB [J]. an extensible Java class library, In II International Workshop on Practical Applications of Agents and Multiagent Systems - IWPAAMS'2003.

[608] Wallace C S, Dowe D L. Intrinsic classification by mml – the snob program [J]. In Proceedings of the 7th Australian Joint Conference on Artificial Intelligence, 1994: 37-44.

[609] Wallace C S, Patrick J. Coding decision trees [J]. Machine Learning, 1993, 11: 7-22.

[610] Wallace C S. MML inference of predictive trees, graphs and nets[M]// In A. Gammerman (ed), Computational Learning and Probabilistic Reasoning, Wiley. 1996: 43-66.

[611] Wallet B C, Marchette D J, Solka J L. A matrix representation for genetic algorithms [J]. In: Automatic object recognition VI, Proceedings of the International Society for Optical Engineering. 1996: 206–214.

[612] Wallis J L, Houghten S K. A comparative study of search techniques applied to the minimum distance problem of BCH codes [J]. Technical Report CS-02-08, Department of Computer Science, Brock University, 2002.

[613] Walsh P, Cunningham P, Rothenberg S, et al. An artificial neural network ensemble to predict disposition and length of stay in children presenting with bronchiolitis [J]. European Journal of Emergency Medicine. 2004, 11(5):259-264.

[614] Wan W, Perkowski M A. A new approach to the decomposition of incompletely specified functions based on graph-coloring and local transformations and its application to FPGAmapping [J]. In Proc. of the IEEE EURODAC '92, 1992: 230-235.

[615] Wanas Nayer M, Dara Rozita A, Kamel Mohamed S. Adaptive fusion and cooperative training for classifier ensembles [J]. Pattern Recognition, 2006, 39:1781-1794.

[616] Wang X, Yu Q. Estimate the number of clusters in web documents via gap statistic [J]. 2001.

[617] WangW, Jones P, Partridge D. Diversity between neural networks and decision trees for building multiple classifier systems [M]// in: Proc. Int. Workshop on Multiple Classifier Systems (LNCS 1857), Springer, Calgiari, Italy, 2000: 240–249.

[618] Ward J H. Hierarchical grouping to optimize an objective function [J]. Journal of the American Statistical Association, 1963, 58:236-244.

[619] Warshall S. A theorem on Boolean matrices[J]. Journal of the ACM 9, 1112, 1962.

[620] Webb G, Zheng Z. Multistrategy ensemble learning: reducing error by combining ensemble learning techniques [J]. IEEE Transactions on Knowledge and Data Engineering, 2004, 16 No. 8:980-991.

[621] Webb G. MultiBoosting: A technique for combining boosting and wagging [J]. Machine Learning, 2000, 40(2): 159-196.

[622] Weigend A S, Mangeas M, Srivastava A N. Nonlinear gated experts for time-series - discovering regimes and avoiding overfitting [J]. International Journal of Neural Systems 1995, 6(5):373-399.

[623] J Weston, C Watkins. Support vector machines for multi-class pattern recognition [M]// Verleysen M. Proceedings of the 7th European Symposium on Artificial Neural Networks (ESANN-99), Bruges, Belgium. 1999: 219-224.

[624] Widmer G, Kubat M. Learning in the presence of concept drift and hidden contexts[J]. Machine Learning, 1996, 23(1): 69-101.

[625] Windeatt T, Ardeshir G. An empirical comparison of pruning methods for ensemble classifiers[J]. IDA2001, LNCS 2189, 2001: 208-217.

[626] Windeatt T, Ghaderi R. Coding and decoding strategies for multi-class learning problems. Information Fusion, 2003, 4 (1): 11–21.

[627] Wolf L, Shashua A. Feature selection for unsupervised and supervised inference: the emergence of sparsity in a weight-based approach [J]. Journal of Machine Learning Research, 2005, 6: 1855-1887.

[628] Wolpert D, Macready W. Combining stacking with bagging to improve a learning algorithm [J]. Santa Fe Institute Technical Report, 1996, 96-03-123.

[629] Wolpert D H. Stacked generalization [M]// Neural Networks, Pergamon Press. 1992, 5: 241-259.

[630] Wolpert D H. The relationship between PAC [M]// Wolpert D H the statistical physics framework, the Bayesian framework, and the VC framework. The Mathematics of Generalization, The SFI Studies in the Sciences of Complexity, AddisonWesley. 1995:

117-214.

[631] Wolpert D H. The lack of a priori distinctions between learning algorithms [J]. Neural Computation 1996, 8: 1341–1390.

[632] Wolpert D H. The supervised learning no-free-lunch theorems [J]. Proceedings of the 6th Online World Conference on Soft Computing in Industrial Applications, 2001.

[633] Woods K, Kegelmeyer W, Bowyer K. Combination of multiple classifiers using local accuracy estimates [J]. IEEE Transactions on Pattern Analysis and Machine Intelligence 1997, 19:405–410.

[634] Q X Wu , D Bell, M McGinnity. Multi-knowledge for decision making [J]. Knowledge and Information Systems, 2005, 7: 246-266.

[635] Wyse N, Dubes R, Jain A K. A critical evaluation of intrinsic dimensionality algorithms [J]. Gelsema E S, Kanal L N.Pattern Recognition in Practice North-Holland, 1980, pp. 415–425.

[636] Xu L, Krzyzak A, Suen C Y. Methods of combining multiple classifiers and their application to handwriting recognition [J]. IEEE Trans. SMC 1992, 22: 418-435.

[637] Yanim S, Kamel Mohamad S, Wong Andrew K C, et al. Costsensitive boosting for classification of imbalanced data [J]. Pattern Recognition, 2007, 40: 3358-3378.

[638] Yates W, Partridge D. Use of methodological diversity to improve neural network generalization [J]. Neural Computing and Applications, 1996, 4 (2):114-128.

[639] Yuan Y, Shaw M. Induction of fuzzy decision trees [J]. Fuzzy Sets and Systems, 1995, 69:125-139.

[640] Zadrozny B, Elkan C. Learning and making decisions when costs and probabilities are both unknown[J]. In Proceedings of the Seventh International Conference on Knowledge Discovery and Data Mining (KDD'01), 2001.

[641] Zahn C T. Graph-theoretical methods for detecting and describing gestalt clusters [J]. IEEE trans. Comput. C-20 (Apr.), 1971: 68-86.

[642] Zaki M J, Ho C T. Large- scale parallel data mining [M]. New York: Springer- Verlag, 2000.

[643] Zaki M J, Ho C T, Agrawal R. Scalable parallel classification for data mining on shared-memory multiprocessors [J]. in Proc. IEEE Int. Conf. Data Eng., Sydney, Australia, WKDD99, 1999: 198-205.

[644] Zantema H, Bodlaender H L. Finding small equivalent decision trees is hard [J]. International Journal of Foundations of Computer Science, 2000, 11(2):343- 354.

[645] Zeira G, Maimon O, Last M, et al. Change detection in classification models of data mining [M]// Data Mining in Time Series Databases. World Scientific Publishing, 2003.

[646] Zenobi G. Cunningham P Using diversity in preparing ensembles of classifiers based on different feature subsets to minimize generalization error [J]. In Proceedings of the

European Conference on Machine Learning, 2001.

[647] Zhang C X, Zhang J S. A local boosting algorithm for solving classification problems [J]. Comput. Stat. Data Anal. 2008, 52 (4):1928-1941.

[648] Zhang A, Wu Z L, Li C H ,et al. On hadamard-type output coding in multiclass learning [J]. In: Proceedings of IDEAL. Volume 2690 of Lecture Notes in Computer Science., Springer-Verlag 2003: 397-404.

[649] Zhang C X, Zhang J S. RotBoost: A technique for combining rotation forest and AdaBoost [J]. Pattern Recognition Letters, Volume 2008, 29: 1524-1536.

[650] Zhang C X, Zhang J S, Zhang G Y. Using boosting to prune double-bagging ensembles [J]. Computational Statistics and Data Analysis, 2008, 53(4):1218-1231.

[651] Zhang C X, Zhang J S, Zhang G Y. An efficient modified boosting method for solving classification problems , Journal of Computational and Applied Mathematics, 2008, 214: 381-392.

[652] Zhou Z, Chen C. Hybrid decision tree [J]. Knowledge-Based Systems 2002, 15, 515-528.

[653] Zhou Z Jiang Y. NeC4.5: Neural ensemble based C4.5 [J]. IEEE Transactions on Knowledge and Data Engineering, 2004, 16; (6) : 770-773.

[654] Zhou Z H, Tang W. Selective ensemble of decision trees [M]// Wang G, Liu Q, Yao Y, et al. Rough Sets, Fuzzy Sets, Data Mining, and Granular Computing, 9th International Conference, RSFDGrC, Chongqing, China, Proceedings. Lecture Notes in Computer Science 2003, 2639: 476-483.

[655] Zhou Z H, Wu J, Tang W. Ensembling neural networks: many could be better than all [J]. Artificial Intelligence 2002, 137: 239-263.

[656] Zhoua J, Pengb H, Suenc C. Data-driven decomposition formulti-class classification, Pattern Recognition 2008, 41: 67-76.

[657] Zimmermann H J. Fuzzy set theory and its applications [M]. 4th edition. Springer, 2005.

[658] Zitzler E, Laumanns M, Thiele L. SPEA2: Improving the strength pareto evolutionary algorithm [J]. In: Evolutionary Methods for Design, Optimisation, and Control, CIMNE, Barcelona, 2002: 95–100.

[659] Zitzler E, Laumanns M, Bleuler S. A tutorial on evolutionary multiobjective optimization [M]// Gandibleux X, Sevaux M, Srensen, K, et al. Metaheuristics for Multiobjective Optimisation. Volume 535 of Lecture Notes in Economics and Mathematical Systems, Springer-Verlag, 2004: 3–37.

[660] Zupan B, Bohanec M, Demsar J,et al. Feature transformation by function decomposition [J]. IEEE intelligent systems & their applications, 1998, 13: 38-43.

高新科技译丛丛书书目

序　号	书　名	书　号	原作者	译　者	出版时间	价　格
1	低截获概率雷达的检测与分类（第 2 版）	978-7-118-08050-6	Phillip E. Pace	陈祝明，江朝抒，等	2012 年 8 月	152 元
2	MATLAB 模拟的电磁学时域有限差分法	978-7-118-08053-7	Atef Elsherbeni,Veysel Demir	喻志远	2012 年 8 月	79 元
3	MATLAB 模拟的电磁学数值技术（第 3 版）	978-7-118-09763-4	Atef Elsherbeni,Veysel Demir	喻志远	2012 年 8 月	136 元
4	移动定位与跟踪——从传统型技术到协作型技术	978-7-118-08349-1	João Figueiras	赵军辉	2013 年 1 月	69 元
5	信息质量	978-7-118-08274-6	Richard Y. Yang，et al	曹建军，刁兴春，等	2013 年 3 月	69 元
6	GPS 接收机硬件实现方法	978-7-118-08696-6	Dan Doberstein	王新龙	2013 年 3 月	58 元
7	数字集成电路分析与设计（第 2 版）	978-7-118-08568-6	John E. Ayers	杨兵	2013 年 6 月	69 元
8	基于标准 CMOS 工艺的低功耗射频电路设计	978-7-118-08790-1	Alvarado	黄水龙，等	2013 年 7 月	45 元
9	云计算——无处不在的数据中心	978-7-118-08728-4	Brian J. S. Chee，Curtis Franklin，Jr.	李成斌，王璇	2013 年 7 月	39.9 元
10	卫星网络资源管理——优化与跨层设计	978-7-118-08666-9	Giovanni Giambene	续欣，刘爱军，等	2013 年 9 月	79.8 元
11	爆震现象	978-7-118-08917-2	John H. S. Lee	林志勇，等	2013 年 10 月	79 元
12	航空电子系统导论（第 3 版）	978-7-118-08788-8	R.P.G Collinson	史彦斌，等	2013 年 10 月	89 元

（续表）

序　号	书　名	书　号	原作者	译　者	出版时间	价　格
13	射频与微波发射机设计	978-7-118-08844-1	Andrei　Grebenn	杨浩，等	2013 年 11 月	148 元
14	模拟与超大规模集成电路（第 3 版）	978-7-118-09005-5	Wai-Kai Chen	杨兵	2013 年 11 月	118 元
15	电子系统的 EMC 设计	978-7-118-09182-3	William G. Duff	王庆贤	2013 年 12 月	79 元
16	纳米半导体器件与技术	978-7-118-09078-9	Krzysztof Iniew	刘明，等	2014 年 1 月	95 元
17	移动智能	978-7-118-08968-4	Laurence T. Yang	卓力，等	2014 年 1 月	98 元
18	微波及无线应用中的六端口技术	978-7-118-09990-4	Fadhel M. Ghannouchi Abbas Mohammadi	张旭春，刘刚，等	2014 年 3 月	59.9 元
19	可重构片上网络	978-7-118-09177-9	陈少杰，等	许川佩，等	2014 年 3 月	79 元
20	稀疏与冗余表示-理论及其在信号与图像处理中的应用	978-7-118-09988-1	Michael Elad	曹铁勇，杨吉斌，等	2014 年 5 月	89.9 元
21	视频分割及其应用	978-7-118-09216-5	King Ngi Ngan	郑丽颖	2014 年 5 月	79 元
22	卫星及陆基无线电定位技术	978-7-118-09916-4	Davide Darclari	丁继承	2014 年 5 月	98 元
23	基于几何扰动滤波的极化合成孔径雷达目标检测方法	978-7-118-09376-6	Armando Marino	万群，邹麟，等	2014 年 7 月	69.9 元
24	多媒体安全与认证	978-7-118-09377-3	Chang-Tsun Li	卓力，李晓光，等	2014 年 7 月	89.9 元
25	结构可靠性设计	978-7-118-09461-9	Seung-Kyum Choi	芮强，王红岩	2014 年 8 月	79 元
26	复值数据统计信号处理-失真和非源信号理论	978-7-118-09458-9	Peter J. Schreier	王伟，等	2014 年 8 月	79 元
27	目标跟踪基本原理	978-7-118-10092-1	Subhash Challa	周共健	2015 年 9 月	86 元
28	三维计算机视觉技术和算法导论	978-7-118-09682-8	Boguslav	陆军	2014 年 9 月	98 元

（续表）

序号	书名	书号	原作者	译者	出版时间	价格
29	数字通信系统预编码技术	978-7-118-08997-4	C.-C.Jay Kuo Sh	张文彬，等	2014 年 9 月	68 元
30	非线性系统故障诊断的混合方法	978-7-118-09220-2	Ehsan Sobhani-T	胡茑庆，等	2014 年 9 月	68 元
31	微机电系统（MEMS）设计和原型设计指南	978-7-118-09690-3	Joel Kubby	李会丹，等	2014 年 11 月	69 元
32	移动机器人导航、控制与遥感	978-7-118-09920-1	Gerald Cook	赵春晖，等	2015 年 10 月	58 元

订购联系方式	
刘雪峰	010-88540777　13439320839
传　真	010-88540776
Q　Q	1029044256
汇款信息	
户　名	国防工业出版社
开户行	北京工行四道口支行
账　号	0200049319201076153